chatGPT
狂飙背后

人机共生下的财富、工作和思维

郑娅莉◎著

河北科学技术出版社

·石家庄·

图书在版编目（ＣＩＰ）数据

ChatGPT狂飙背后：人机共生下的财富、工作和思维/
郑娅莉著. -- 石家庄：河北科学技术出版社，2023.8
ISBN 978-7-5717-1732-2

Ⅰ．①C… Ⅱ．①郑… Ⅲ．①人工智能 Ⅳ．①TP18

中国国家版本馆CIP数据核字(2023)第163468号

ChatGPT狂飙背后：人机共生下的财富、工作和思维
ChatGPT KUANGBIAO BEIHOU：RENJI GONGSHENG XIA DE CAIFU 、 GONGZUO HE SIWEI

郑娅莉　著

责任编辑	郭　强
责任校对	原　芳
美术编辑	张　帆
封面设计	优盛文化
出版发行	河北科学技术出版社
地　　址	石家庄市友谊北大街 330 号（邮编：050061）
印　　刷	河北万卷印刷有限公司
开　　本	787mm×1092mm　1/16
印　　张	14.5
字　　数	189 千字
版　　次	2023 年 8 月第 1 版
印　　次	2023 年 8 月第 1 次印刷
书　　号	ISBN 978-7-5717-1732-2
定　　价	79.00 元

FOREWORD | 前言

　　自古以来，人类一直在探索未知领域，试图解锁自然和社会的奥秘。从火的发现、轮子的发明到蒸汽机的问世，人类历史上每一个伟大的时代都是由一场技术革命引领的。今天，我们站在一个新的历史转折点上，人工智能正在席卷全球，掀起一场又一场的创新浪潮。而在这个伟大的时代背景下，一场由 ChatGPT（是一款功能强大的生成式人工智能聊天预训练转换器或机器人）引领的人机共生革命正在悄然崛起，它将以一种全新的方式重塑我们的财富、工作和思维。

　　当我们谈论人工智能时，很多人可能会想到"机器人"这个词。实际上，人工智能并不只是机器人，还是一种可以让计算机模拟、延伸和扩展人类智能的技术。在这个广泛的领域中，ChatGPT 的出现显然是一次突破性的进展。它不仅让我们以前所未有的方式与计算机进行交流，还在很大程度上推动了人机共生的实现。

　　那么，人工智能究竟是如何影响我们生活的方方面面呢？

　　首先，在财富领域，人机共生正在改变企业运营的方式，提升工作效率，开创全新的商业模式，同时推动全球市场的拓展。借助人工智能的智能辅助，企业可以轻松地实现运营数字化，优化决策，降低成本，提高收益。与此同时，人工智能还为我们带来了丰富的投资机遇，吸引了众多企业和个人投身其中，分享科技进步带来的红利。正是在这个过程中，我们看到了一个普惠金融时代的诞生，让更多的人能够分享到财富增长的果实。

其次，在工作领域，传统职业正面临着空前的挑战，而人机共生正在为我们带来全新的就业机会。从简单的劳动力代替到复杂的人机协作，智能机器人逐渐成为我们的得力助手，帮助我们在各个行业实现效率的最大化。在这个过程中，我们需要认识到：人工智能并非一种取代人类的存在，而是一种强大的工具，可以提升人类的能力，开阔人类的视野。在未来的职业市场中，人类需要与人工智能共同进化，不断提高自己的技能，寻找与人工智能工具的协作模式，以实现职业的发展和创新。在这个过程中，我们会看到许多新兴职业的诞生，这些职业分布在不同的领域，能为我们创造更加美好的生活。

最后，在思维领域，人机共生正在带领我们进入一个全新的认知与创新时代。借助人工智能的决策辅助功能，我们能够排除情绪干扰，打破思维局限，更加全面、客观地看待问题，实现更高效的决策。在教育领域，人工智能技术为我们提供了一种个性化、普惠化的学习方式，让每个人都能够得到适合自己的教育资源，实现教育公平。此外，人工智能还推动了跨学科思维与跨界合作的发展，让我们能够在更广泛的范围内分享知识、创新思维，共同应对全球性的挑战。

当然，拥抱人机共生的未来也意味着我们需要面对许多挑战，如人工智能偏见与歧视、安全与隐私保护、伦理与道德等问题。在探索这一未来时，我们需要勇于应对这些挑战，寻找合适的解决方案，以确保人类和智能机器共同发展、共同进步。

　　本书旨在为读者揭示 ChatGPT 狂飙背后的人机共生之路，让读者了解这个时代的变革如何影响人类的财富、工作和思维，领略人工智能的魅力，一同探寻人类与智能机器共同塑造美好未来的奥秘。

　　相信在这个过程中，每个人都能得到属于自己的启示，迈向一个充满机遇与挑战的新时代。

　　鉴于作者的水平所限，书中难免有疏漏和不妥之处，敬请广大读者批评指正。

CONTENTS 目录

第1章

绪论

在科技研究领域，总有一些瞬间会让人们不禁感叹自己已经活在了未来。当 ChatGPT 横空出世，大家惊讶地发现，人工智能竟然已经可以跟人类聊得火花四溅，这正是其中一个令人赞叹不已的时刻。实际上，这是几代人在人工智能领域默默耕耘的结果。下面让我们一起回顾一下人工智能的诞生与发展，体味人工智能时代下由 ChatGPT 引领的一个人机共生的智能世界。

1.1 人工智能时代的到来

1.1.1 人工智能是什么

想象一下，在办公场景中，智能工作系统可以帮你快速整理会议记录、生成报告，甚至自动回复邮件；智能翻译器可以帮助你跨越语言障碍，更便捷地与来自不同国家的合作伙伴进行工作交流。当结束一天的工作下班到家，你的智能家居系统已提前调整恒温器，确保室内温度适宜。当你晚上临睡前说"晚安"，它会自动关闭家里的所有灯光，并在第二天早上根据你的作息时间自动拉开窗帘，提醒你起床……

这就是对人工智能在我们工作和生活中应用场景的简单描绘。

自 20 世纪四五十年代以来，人工智能就一直在人们的生活中悄无声息地蔓延，涌现出了诸多令人惊叹的技术成就。从早期的跳棋程序到如今的阿尔法狗（Alpha Go），从智能语音助手到自动驾驶汽车，这些成果既是对人类智慧的赞美，也是对未来科技的期许。这一切都是人类在人工智能历史长河中积累的宝贵财富。

这一路走来，有过风光，也有过低谷，但人工智能从未停止前进的脚步，也总在不经意间改变着人们的工作和生活方式。

那么，人工智能到底是什么？

官方的解释：人工智能（Artificial Intelligence，AI）是研究、开发用于模拟、延伸和扩展人的智能的理论、方法、技术及应用系统的一门新的技术科学。

用简单的语言描述：人工智能是让计算机或机器像人类一样思考、学习和解决问题的技术。它可以让机器自动完成复杂任务，提高工作效率，并在工作和生活的方方面面为人们提供便利。

1.1.2　人工智能五个重要的"第一次"

1.1.2.1　图灵测试的第一次提出（1950 年）

当谈论人工智能的里程碑事件时，我们无法不提及图灵测试。

图灵测试的提出者是艾伦·图灵（Alan Turing），这位数学家、逻辑学家、密码学家以及计算机科学先驱在人工智能领域的贡献是无法估量的。

1950 年，艾伦·图灵在《计算机器与智能》（"Computing Machinery and Intelligence"）一文中提出了一个问题："机器能思考吗？"为了回答这个问题，他提出了一个"模拟游戏"，后来被称为图灵测试。

图灵测试的基本设定包括三个参与者：一个评测者（人类）、一个被测者（人类）以及一台计算机。测试过程中，评测者与被测者和计算机进行文字交流，但无法直接看到被测者和计算机。评测者的任务是通过提问来判断哪个回答来自人类，哪个回答来自计算机。如果评测者无法区分出计算机的回答，那么就认为该计算机具有人工智能。

让我们想象一个场景，评测者坐在一个隔间里，与另外两位"参与者"（一个人类和一台计算机）进行打字聊天。评测者可以问任何问题，从哲学谈论到八卦新闻，甚至是关于烹饪的建议。评测者的目标是根据回答来判断哪一个是人类，哪一个是计算机。机器的目标则是尽量让自己的回答像人类一样自然。

虽然机器在某些方面做得很好，但要完全通过图灵测试仍然是一个巨大的挑战。事实上，有些机器在测试中表现得像是一个笨拙的、没有幽默感的"机器人"，反而暴露出它们的身份。

图灵测试的提出具有划时代的意义，为后来的人工智能研究奠定了基础。它不仅引发了关于机器智能的哲学和伦理讨论，还激发了科学家对人工智能技术的发展和应用的探索。

1.1.2.2 人工智能概念第一次被确认（1956年）

20世纪50年代，科学家开始对计算机如何理解和模拟人类智能产生浓厚兴趣。当时，一位年轻的计算机科学家约翰·麦卡锡（John McCarthy）充满好奇和探索精神，梦想着计算机能像人一样思考和解决问题。这个梦想激发了他与其他几位学者共同探讨这一问题的可能性。

1956年的夏天，约翰·麦卡锡联合马文·明斯基（Marvin Minsky）、克劳德·香农（Claude Shannon）、艾伦·纽厄尔（Allen Newell）和赫伯特·西蒙（Herbert Simon）等学者，在美国新罕布什尔州汉诺威的达特茅斯学院组织了一场为期两个月的研讨会。这场研讨会后来被称为达特茅斯会议。

在会议的准备阶段，约翰·麦卡锡提出了一个新的概念——人工智能。他相信，通过研究和开发，计算机可以实现与人类相似的智能。虽然当时的计算机技术还很初级，但这个概念为未来的研究者指明了方向。

会议开始后，这些学者积极讨论人工智能的可能性。他们探讨了如何让计算机理解自然语言，以便与人类进行交流；如何让计算机像人类一样思考、推理和解决问题；如何让计算机在面对新任务时能够自我学习和适应。虽然这场会议没有产生具体的科研成果，但它奠定了人工智能领域的基础，并吸引了更多学者投入这个领域的研究中。

1.1.2.3　机器学习概念第一次正式出现（1956 年）

在 20 世纪 50 年代的某一天，IBM 公司的计算机专家阿瑟·塞缪尔（Arthur Samuel）坐在办公室里，对着电脑进行深入的思考。他对自己提出了一个大胆的问题："为什么不能让计算机学会下棋，甚至在下棋方面超过人类呢？"这个问题激发了他对计算机如何从经验中学习的好奇心，从而引发了一场革命性的研究。

阿瑟·塞缪尔开始投入这一领域的研究中，试图找到一种方法，让计算机能够像人一样从实践中学习和提高自己的能力。在经过无数次尝试和改进后，他终于编制出一个西洋跳棋程序，这一程序成为世界上第一个具有自主学习功能的游戏程序，并在 1956 年 2 月的西洋跳棋比赛中一举夺魁。

该西洋跳棋程序利用一种基于实例的学习方法，通过分析大量棋局数据，自动总结出有益的策略，从而提高自身的棋艺。它是通过对棋盘局面进行评估，找出对局中的好棋与坏棋，然后根据这些信息不断调整自身策略的。这种自我学习和优化的能力给当时的计算机科学界带来了革命性的启示。

随后，在1956年的达特茅斯会议上，阿瑟·塞缪尔展示了这款程序，向人们展示了计算机通过自主学习，不依赖预先编程的指令，可以在一定程度上模拟人类智能。这个程序的成功使得塞缪尔成为机器学习的奠基人之一，被后世称为"机器学习之父"。

自从塞缪尔提出了"机器学习"的概念，这个令人惊讶的成就引起了学术界的广泛关注，越来越多的研究者开始投入机器学习领域的研究中。

如今，机器学习已经涵盖许多不同的技术和方法，从监督学习、无监督学习到半监督学习和强化学习等。这些方法可以应用于各种领域，如图像识别、语音识别、自然语言处理、推荐系统等，为人类社会带来了巨大的便利和突破性的创新。

阿瑟·塞缪尔的贡献在于，他向世界展示了计算机可以通过自主学习来模拟人类智能，从而开启了人工智能研究的新篇章。他的工作为后来的研究者提供了宝贵的灵感和基础，使得机器学习成了一个充满活力和创新的领域。也正因如此，半个世纪后，DeepMind公司才能成功开发出围棋AI——阿尔法狗，挑战并击败了人类顶级棋手。如今，机器学习已经成为人工智能领域重要的研究分支之一，影响着人们的日常生活和未来科技的发展。

1.1.2.4　人机对话的第一次发生（1966 年）

人机对话是指计算机能够理解和运用自然语言，实现与人类交流的技术。通过人机对话，人们可以查询信息、聊天，甚至获取特定服务。自 20 世纪 60 年代以来，人机对话逐渐成为人工智能领域的研究热点，后来众多科技公司纷纷投入资源开发与之相关的产品，如谷歌的 Google Assistant 和苹果的 Siri 等。

让时间回到 1966 年，彼时人工智能领域的先驱约瑟夫·魏泽堡（Joseph Weizenbaum）正在麻省理工学院人工智能实验室工作。他意识到，要想让计算机像人一样交流，就需要教会计算机理解和运用自然语言。于是，他编写了一个自然语言处理程序，开发出一款聊天机器人，将其命名为"伊丽莎（Eliza）"。

伊丽莎这个名字的灵感来源于英国著名戏剧家萧伯纳的经典剧作《卖花女》中的女主人公。《卖花女》中的伊丽莎经历了从底层卖花女到高贵淑女的改造和成长。同样，约瑟夫·魏泽堡也期待着聊天机器人"伊丽莎"不断进化、学习与成长。这两者都展示了从原始状态到更复杂、成熟状态的转变，具有异曲同工之妙。

伊丽莎的诞生标志着人类第一次尝试实现人机对话。这个程序模仿了一位心理治疗师的角色，通过与用户进行文本交流，给人一种仿佛在与真人对话的感觉。然而，实际上伊丽莎并不知道自己在说什么，它只是通过关键词匹配和语句重组来生成回复，根据输入的语句类型，再翻译成合适的输出。

这次对话让人们认识到了人工智能的潜力。从那时起，越来越多的科学家投入人机对话的研究中，不断改进和优化相关技术。如今，人工智能已经取得了巨大的进步，人机对话的应用也越来越广泛，我们可以看到无数类似 Google Assistant、Siri 这样的人工智能助手在人们的日常生活中发挥着重要作用。而这一切始于那个简单的伊丽莎聊天机器人。

1.1.2.5 第一台智能机器人的诞生（1968 年）

在 20 世纪 60 年代的美国斯坦福研究所，一群杰出的科学家决定闯入一个崭新的领域，创造出一个具备自主思考和行动的能力的机器人。这个决定犹如当年哥伦布发现新大陆一般，既充满冒险，又饱含希望。

在经过无数个日夜的努力后，1968 年，这些科学家终于成功地研制出了第一台智能机器人——谢克（Shakey）。谢克是一个有趣的家伙，外形像是装着摄像机和主机的推车。它的头部其实是一个电视摄像机，用于记录周围的环境；身体则是主机，里面装满了各种仪器和设备；至于脚，则装有滑轮，方便它自由地行动。

谢克的诞生可谓是技术的巨大飞跃，但这个初代智能机器人在实际操作中常常需要花费数小时进行一项简单的行动。当然，这并不是谢克的错。那时候的计算机技术水平有限，要让一个机器人独立思考并处理任务非常困难。

虽然谢克在诞生之初就面临着种种局限，但它的出现为后来的智能机器人研究奠定了基础。这个憨态可掬的机器人诠释了人类对未来科技的追求和勇敢尝试。

如今，我们可以看到各种类型的智能机器人，有些在工厂里帮助生产，有些在医院里协助医生，还有些在家庭中担任陪伴和辅助角色。但是，每当我们谈及这些成果时，我们都不应忘记那个开创了智能机器人历史的先驱——谢克。

1.1.3　人工智能的三次浪潮

人工智能的发展历经了三次浪潮，如图 1-1 所示。在整个过程中，计算机算力的提高、学习算法的应用以及跨领域的研究合作共同推动了人工智能的不断发展。

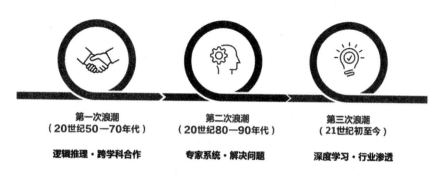

图 1-1　人工智能的三次浪潮

1.1.3.1　第一次浪潮（20 世纪 50—70 年代）：逻辑推理让机器变得更聪明

自人工智能这个全新的概念正式诞生以来，研究人员便开始对其充满好奇和憧憬。他们希望通过模仿人类的逻辑推理能力，让计算机能像人一样思考。为了实现这个目标，研究人员开始探索基于逻辑推理的人工智能程序。于是，基于逻辑推理的人工智能程序开始应用于代数、几何等问题的解决，甚至能学习和使用英语。这些程序在处理这些问题时，通过对输入数据进行逻辑分析和判断，找出其中的规律，从而解决问题。在这个过程中，计算机不再是一个简单的计算工具，而开始具备了一定的智能特征。

随着第一次人工智能浪潮的发展，一些新的技术领域开始崭露头角。自然语言处理成了一个重要的研究方向，它能让计算机更好地理解和处理人类语言。同时，知识表示技术开始受到关注，研究人员试图将人类知识以一种适合计算机处理的形式表示出来，从而让计算机更好地利用这些知识。

值得一提的是，人工智能的研究人员终于意识到跨学科合作的重要性，他们与心理学家、哲学家、神经科学家等专家合作，共同探讨人工智能的发展。这些合作为人工智能的发展带来了新的思路和方法，使得人工智能逐渐成为一个多元化、跨学科的领域。

20世纪60—70年代，自然语言处理和人机对话技术取得了突破性进展，这些技术的成功应用让计算机能更好地理解人类的语言，实现与人类的交流。这一进步大大提高了人们对人工智能的期望，让他们看到了无限的可能性。

然而，当时的计算机算力有限，导致许多逻辑推理程序在处理复杂问题时面临巨大挑战。计算机的运行速度和存储能力无法满足越来越复杂的问题所需的计算资源，这使得逻辑推理在人工智能发展中遇到了瓶颈。

20世纪70年代初，由于政府对未明确目标的人工智能研究项目的资金支持减少，人工智能遇到了研发资金短缺的问题。这使得人工智能研发变现周期拉长，行业陷入低谷。

尽管第一次人工智能浪潮的发展受到了诸多挑战和困境的影响，但它依然为后来的人工智能发展积累了丰富的经验，带来了许多启示。在这个阶段，人们对人工智能的认识逐渐从理论走向实践，在逻辑推理、自然语言处理、知识表示等领域的探索为后来的人工智能发展奠定了基础。

1.1.3.2　第二次浪潮（20 世纪 80—90 年代）：专家系统让人工智能更实用

在第一次人工智能浪潮中，研究人员关注逻辑推理，希望通过模仿人类思维方式，让计算机具备解决问题的能力。然而，随着时间的推移，研究人员意识到要让人工智能真正实现广泛应用，仅仅依靠逻辑推理是不够的。因此，在后续的人工智能研究中，研究者开始探索更多新领域，以期打造更加强大和实用的人工智能技术。

研究人员发现，要让计算机在特定领域发挥巨大作用，就需要让专家系统赋能计算机，使计算机具备专家级的知识和经验。于是，研究人员开始开发专家系统，这种系统能够模仿人类专家解决问题，根据特定领域的专业知识推理出解决方案。

专家系统的出现让人工智能在各个领域变得更加实用。专家系统被广泛应用于医疗、金融、工程等行业，辅助专业人士解决复杂问题。例如，在医疗领域，专家系统可以帮助医生分析病人的病症和病史，提供更精确的诊断建议；在金融领域，专家系统可以分析大量的金融数据，为投资者提供有价值的投资建议。

然而，专家系统也有其局限性。由于它们仅针对特定领域设计，所以应用范围有限。此外，专家系统的升级和维护成本相对较高，因为需要不断更新和完善专业知识库。这些问题限制了专家系统在更广泛场景的应用。

不过，第二次浪潮并没有持续很久。20 世纪 90 年代，美国国防部高级研究计划局（DARPA）的人工智能项目失败，这标志着第二次浪潮的结束。

尽管第二次人工智能浪潮戛然而止，但它为人工智能的发展奠定了基础。算法的进步成了推动人工智能发展的关键。研究人员不断地改进和优化算法，以提高专家系统的性能和实用性。

同时，随着计算机硬件技术的不断发展，计算能力得到了极大的提升。这为人工智能技术的发展提供了强大的动力，使得专家系统能够更快地处理数据和进行推理，从而提高了人工智能在实际应用中的效果。

在这次浪潮中，人工智能从逻辑推理向更实用的领域发展，为后来的第三次浪潮奠定了基础。

1.1.3.3 第三次浪潮（21世纪初至今）：深度学习让人工智能更成熟

进入21世纪，人工智能展现出了前所未有的活力和智能。深度学习成为这一阶段的主角，带领人工智能走向成熟，进入了一个全新的境界。

自2006年深度学习算法诞生以来，人工智能开始腾飞，其能力从单纯的逻辑推理向感知能力拓展。深度学习算法通过无监督学习和逐层预训练的方式，有效地降低了训练难度，从而解决了传统神经网络难以达到全局最优的问题。

机器学习是人工智能的一个分支，研究如何通过计算机程序从数据中学习并且提高性能。传统的机器学习方法需要手动设计特征、选择合适的算法、调整超参数等，这些都需要人工参与，因此受到了各种限制。

深度学习是机器学习的一种形式，使用多层神经网络进行建模和学习。其可以自动从原始数据中提取特征，不需要手动设计，因此可以用来处理更加复杂的数据。其还使用了反向传播算法，自动优化神经网络中的权重和偏置值，进一步提高了模型性能。

深度学习在图像识别、自然语言处理、语音识别等领域取得了很大的成功。例如，在图像识别任务中，深度卷积神经网络可以有效地从原始图像中提取特征，并拟合图像标签。在自然语言处理任务中，循环神经网络可以捕捉文本中的序列信息，用于语言模型和机器翻译等任务。深度学习的发展使得人工智能在各领域都有了新的应用，对社会和经济的影响越来越大。

从机器学习到深度学习是人工智能的一场革命（图 1-2），让机器通过海量数据自动实现规则的特征提取，不需要人工去提取规则特征，从而将复杂的"算法归纳"留给机器去完成。深度学习算法的强大让计算机能够处理如图像识别、语音识别等复杂任务。

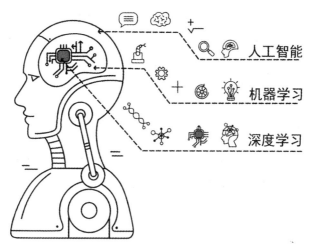

图 1-2　从机器学习到深度学习

强大的算法离不开底层算力的高速发展和多维数据的快速积累。计算机硬件设施的发展提供了足够的计算力，数据的可获得性和质量得到了极大的改善，这使得人工智能快速渗透到各产业中。

2012 年，AlexNet[①] 在 ImageNet 训练集上的图像识别精度取得了重大突破，这无疑是对深度学习技术的一大肯定。ImageNet 挑战赛是计算机视觉领域的重要比赛之一，重在评估不同算法在大规模图像分类任务方面的性能。AlexNet 的成功标志着深度学习的兴起，并在计算机视觉领域引起了广泛的关注和研究。

2016 年，由 DeepMind 团队开发的人工智能围棋程序 AlphaGo 与人类职业选手进行了历史性的五局比赛，最终以 4：1 的成绩获胜。这证明了深度学习和强化学习等技术在复杂的博弈领域中的应用潜力，也引起了世界各地对人工智能的关注和研究热潮。

在第三次潮流中，人工智能的发展步伐愈发疾速。语音识别、语音合成、机器翻译等感知技术的能力已经逼近乃至超越人类。现在，我们的生活中已经离不开这些智能技术。比如，我们与智能手机上的语音助手闲聊，或是使用机器翻译软件轻松阅读外文文章，这些都是人工智能带来的便利。未来，人工智能有望在更多领域开发出巨大的潜力，成为我们生活中不可或缺的一部分。

总之，在人工智能的三次浪潮中，我们看到了技术的不断进步和发展。从逻辑推理、专家系统到深度学习的成熟标志着人工智能正迎来一个崭新的时代，引领着人类社会迈向智能化的未来。

---

① 一种深度卷积神经网络，由 Alex Krizhevsky、Ilya Sutskever 和 Geoffrey Hinton 在 2012 年提出。

1.1.4 人工智能的模式进阶

人工智能从诞生之初到如今一直处于持续进阶的状态，从弱人工智能发展到强人工智能，将来还将发展成为超人工智能，如图 1-3 所示。

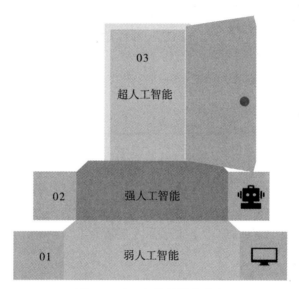

图 1-3 人工智能的模式进阶

1.1.4.1 弱人工智能

弱人工智能是一种人工智能系统，专门针对特定任务或领域进行设计和优化。相对于通用人工智能来说，弱人工智能并不是实现类似人类的智能，而是专注于解决特定的问题，如语音识别、图像识别、自然语言处理、推荐系统等。

弱人工智能系统的优点在于其专业性和高效率，由于它专注于特定的领域和任务，因此它可以更好地理解和处理相关的数据。形象地说，弱人工智能就像一位只擅长做某一件事情的职业选手。比如,有些人工智能只擅长下围棋,有些只能识别人脸,还有些只能帮你排列整齐照片。

其实,弱人工智能已经普及了,如之前提到过的 AlphaGo 打败围棋冠军,还有语音助手 Siri 和智能音箱 Alexa,以及生活中常见的银行里的自助服务、医院里的影像诊断等,都是弱人工智能的体现。这些人工智能在各自的领域都能发挥很大的作用,让人们的生活更加便利和高效。

不过,弱人工智能也有自身的局限性。尽管它在特定的领域表现得非常出色,但它只能做它擅长的事情,如果面对新的情境,就可能会不知所措。比如,让下围棋的人工智能去做个视频游戏,它可能连怎么操作都不知道,更别说取得游戏胜利了。

所以,我们需要更多的科技突破和创新,能让弱人工智能变得更加聪明和灵活,这就要说到接下来的强人工智能了。

1.1.4.2 强人工智能

强人工智能是指在各方面都能和人类比肩的人工智能,这是类似人类级别的人工智能,也叫通用人工智能。

强人工智能是相对于弱人工智能而言的。弱人工智能只能使用已有的模式和数据进行预测和决策,但是在面对新的问题和挑战时,往往束手无策。强人工智能与弱人工智能最大的区别就是拥有更高层次的认知和自我意识,能够进行自主思考和创造,而不只是简单地执行预设的程序。

简单地说,强人工智能就是一种像人类一样具备多种智能的计算机程序;就像一位全能型选手,拥有更加复杂和灵活的学习能力,能够像人类一样从环境中获取信息和经验，并将这些信息整合成知识。需要强调的是，它还需要具备更加先进的自然语言处理能力，能够像人类一样理解和运用语言。

大家都听说过机器人，我们可以将强人工智能看作一种"超级机器人"，因为它可以像人类一样进行语言交流、推理、学习、规划等多个方面的智能活动。

举个例子，假设你正在和一台强人工智能系统进行对话，它可以根据你的语言理解你想要表达的意思，并且可以回答你的问题或者提出自己的疑问。另外，它不仅可以学习，还可以创新和发明。

强人工智能的研究领域包括人工神经网络、机器学习、自然语言处理、计算机视觉、语音识别等，它们相互结合形成了一套复杂的系统。一旦强人工智能实现，将会具有普适性和适应性，能够适应不同领域和环境下的各种任务。

我们可以想象一下，如果有一台强人工智能系统，那么它可以用自己的智慧和能力来帮助人类解决各种难题，如制定更好的医学治疗方案、优化城市交通、解决环境污染等。可见，其应用范围非常广泛。

不过，强人工智能的开发并不容易，需要具备强大的技术能力和深厚的研究基础。要让计算机程序具备人类一样的智能，研究人员需要在算法、计算机体系结构、机器学习、自然语言处理等多个方面进行全面的研究和发展。

尽管目前实现强人工智能还存在巨大的挑战和困难，但人工智能的发展趋势显示，未来将有越来越多的工作和任务被自动化和智能化，人工智能也将成为人类生活和工作的重要伙伴和助手。

1.1.4.3　超人工智能

超人工智能是指超越人类智能的一种理论概念，具有很多神奇的能力。它就像是人类智慧的极致，是一种比普通计算机更加强大的人工智能系统。

超人工智能可以像人类一样思考和学习，甚至比我们更加快速和准确。它可以处理和分析大量的数据，从而发现我们无法察觉的规律和趋势，以至于其在几乎任何领域都表现出色，如医疗、金融、安全、交通等。

超人工智能不仅能在短时间内掌握人类全部的智慧，还能在一定程度上自我学习和创新，并能够适应新环境，从而带来极大的价值和改变。最神奇的是，它还可以像人类一样具有情感和创造力，可以创作出令人惊艳的艺术作品。

那么，超人工智能是如何实现这些能力的呢？

其实，这背后的原理非常复杂，涉及深度学习、自然语言处理、计算机视觉等多个领域的知识。简单来说，超人工智能的核心就是神经网络。神经网络模仿了人类大脑的结构和功能，由许多神经元组成，能够通过学习来识别模式、作出决策，并逐渐提高自己的准确性和效率。而超人工智能就是由数百万个神经元组成的超大规模神经网络，可以完成我们无法想象的任务。

尽管超人工智能目前还只是一种理论概念，但它在人工智能研究领域中占据着重要的位置。人们希望在未来实现超人工智能，但同时对其潜在的风险和威胁保持着警惕。由于超人工智能的学习和创新能力超出了人类的想象，它可能会超越人类的控制，造成无法预测的后果。因此，对于超人工智能的发展和应用，我们需要谨慎评估和管理。

1.1.5 第三次浪潮仍在继续

随着计算机算力的持续提升，以及跨领域研究合作的深入，人工智能在未来将变得更加强大。从最初逻辑推理能力的形成到深度学习能力的成熟，人工智能一路走来，不断挑战自己的极限。在这个过程中，我们见证了人工智能的三次浪潮，也看到了它的无限可能。

如今，人工智能已经从实验室走入了人们的生活，它正在以一种前所未有的速度改变着世界，在医疗、教育、交通等各领域展现出较大的潜力。

在医疗领域，人工智能的发展可以助力提高患者的诊断和治疗水平。它可以从大量的医疗数据中找出关键信息，帮助医生制订更精确的治疗方案。对于患者而言，这意味着更高的康复率和更好的生活质量。

在教育领域，人工智能正在改变人们的学习方式。智能教学系统可以根据每个学生的学习能力和进度，提供个性化的教育方案。这让学生能够更好地掌握知识，提高学习效率。

在交通领域，自动驾驶汽车的出现让人们充满期待。未来的道路将变得更加安全，人们可以在驾驶过程中享受更多的便利和乐趣。此外，人工智能还可以帮助解决城市交通拥堵问题，改善人们的出行体验。

目前，人工智能第三次浪潮仍在持续，人工智能就像一股无法抗拒的洪流席卷了整个世界，使人们的生活中充满了高科技的魔力和智慧。这个时代是一个人工智能（AI）时代，它正在悄悄地改变着人们的生活，随处可见各种各样的智能小助手为人们服务，让人们的生活变得越来越便捷。这就好像人们生活在一个充满了魔法的世界里，无论遇到什么问题，总能找到一个智能小助手来帮助人们解决。

当然，这个人工智能时代并非只有阳光，也充满了挑战。人工智能正以惊人的速度渗透到人们生活的方方面面。人工智能时代，人们应该意识到，与这些智能助手共同生活、工作和进步成为一种全新的人机共生关系。在这个时代，人类与人工智能的关系不再是简单的主仆关系，而是互相依赖、互相成就的伙伴关系。

我们与智能助手共同工作，智能助手释放了我们的创造力，让我们有更多的精力去实现更高远的目标。我们可以将那些烦琐、重复的任务交给人工智能，而专注于发挥我们的想象力、创新力和情感智慧。这种人机共生正在让我们的工作更富有成效、更具价值。

在生活中，人工智能也成了我们的忠实伴侣。它让我们的生活更加便捷，满足了我们日常所需。智能家居、智能出行等方面的应用让我们享受到前所未有的舒适体验。同时，智能助手也在关键时刻提醒我们与他人保持真实的人际互动，让我们在这个高科技时代不失温暖。

然而，人机共生并非一帆风顺。在这个过程中，我们需要面对一系列挑战，即如何确保人工智能遵循道德伦理，如何防止滥用人工智能，如何解决隐私问题等，这些都是我们需要共同面对的问题。在这个时代，我们必须学会平衡科技与人文，保持对人工智能的审慎，以确保人机共生的可持续发展。

总之，面对人工智能时代的到来，我们需要重新审视人类与机器之间的关系。这个关系不再是单纯的控制与被控制，而是一种更为紧密、协同的合作关系。只有在这种人机共生的基础上，我们才能充分发挥人工智能的潜力，引领人类走向一个更美好、更智慧的未来。

1.2 ChatGPT：引领人机共生

1.2.1 ChatGPT 横空出世

在人工智能领域，一直有无数的研究者孜孜不倦地追求更强大、更智能的算法。随着 AI 技术的不断发展，越来越多的 AI 助手相继问世。这些助手各具特色，擅长处理各种不同的任务。在这个充满 AI 小助手的世界里，我们的生活变得越来越便捷。

在这样的背景下，由美国人工智能研究室 OpenAI 开发的一款先进的 AI 语言模型——ChatGPT 横空出世，其具有出色的语言理解和生成能力。

ChatGPT 自推出以来取得了显著的成功。在短短的两个月内，活跃用户数量突破了亿人大关，这足以说明全球范围内对这款聊天机器人的关注和喜爱。

人们惊叹于它的智能水平，纷纷尝试与这个新型 AI 进行互动。ChatGPT 不仅可以处理各种任务，还能够带来更多的人机互动和趣味性。在与人类的交流中，ChatGPT 展示出了惊人的语言理解能力，无论是简单的问答，还是复杂的观点阐述，它都能娴熟地应对。而且，它能用一些简单、直白的语言，让不同人群都能与它轻松交流。

ChatGPT 的出现源于对人工智能和自然语言处理领域的长期研究和探索。通过使用大量文本数据进行预训练，模型学会了理解和生成自然语言文本。这使得 ChatGPT 能够在各种场景下与用户进行交流，包括提供信息、解答问题、撰写文章、创作诗歌等。

ChatGPT 的成功也展示出了人工智能技术的无限潜力，让我们重新审视和思考人类与机器的关系，发现更多的可能性和机会。人们在与 ChatGPT 的交互中，不仅能够获得信息和服务，更能够感受到未来科技的蓝色天空，这个天空充满着无限的可能性和创造力。

在未来，ChatGPT 将成为人类生活中不可或缺的一部分，我们会越来越依赖它，但也会越来越了解它。这种了解不仅是对机器本身的认知，更是对人类自身的认知。因为我们只有了解了自己，才能更好地和机器进行合作与共生。

总之，ChatGPT 的横空出世改变了人们对人工智能和自然语言处理的看法，使得这些技术不再是高端科技的专利，而逐渐走向普及和民用。ChatGPT 的强大功能和应用前景也让人们对人工智能的未来发展充满了期待和希望。

1.2.2 人机共生的融合生态

1.2.2.1 人机共生是什么

在 21 世纪的地球上，人类与 AI 共同演绎了一场别开生面的合作。从日常生活中的智能家居、语音助手，到工作场景中的自动化、数据分析，以及医疗、教育、科研等领域，AI 都在大放异彩。

这种 AI 与人类的合作被称为人机共生（图 1-4），"机"指的就是 AI 工具或机器人。人机共生模式将技术与智慧巧妙地交织在一起，将产生前所未有的协同效应。

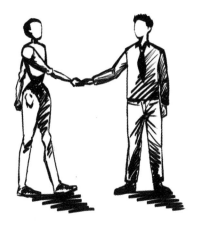

图 1-4 人机共生

人机共生是人工智能发展的重要方向之一，也是推动人类社会进步和发展的重要手段。其概念源于人工智能和机器学习技术的快速发展，这些技术使得 AI 可以从大量数据和信息中自动学习和提取规律，从而实现更加智能和自主的行为与决策。

然而，这种自主性和智能性也带来了 AI 无法完全控制和预测的风险与挑战。为了解决这些问题，人机共生应运而生。它强调人类在 AI 发展中的重要作用，可以通过与 AI 的合作来解决 AI 无法完全解决的问题。

因此，人机共生就是人类和 AI 之间建立一种协作关系，相互依存，共同实现更高效、更准确的目标的过程。在这个过程中，AI 通过自身的算法、模型和技术为人类提供支持和服务，人类则通过对 AI 的指导、调整和控制来优化 AI 的表现和输出结果。

形象一点来说，其实可以把人机共生想象成一个比赛，只不过这次人要跟 AI 一起配合参赛了。AI 的特长是数据处理和算法优化，人则是专注于指导、调整和控制 AI。通过这种合作方式，人机可以一起达到更高的效率和准确性，取得比赛的胜利。

当然，在比赛中也会出现一些搞笑的场景。比如 AI 可能会不小心出现一个小 bug（缺陷），需要人及时发现并修复，或者人会对 AI 的决策提出一些"异议"，让它重新进行思考和计算。不过，最后只要人机相互配合，一定可以完成比赛的目标，获得胜利。

人机共生也可以被比喻成一对"搭档"，人与 AI 一起解决问题，一起进步。AI 是人的"技能点"，可以帮助人更好地完成工作；人则是 AI 的"教师"，可以指导它进行学习和提高。

千万别小看这些 AI 工具与机器人，它们可是有着强大的大脑，能通过学习来理解人类的需求，并完成各种各样的任务。而人就像是拿着遥控器的小魔仙，一起与 AI 创造一个更美好的世界，这就是人机共生的模式。

1.2.2.2　人机共生的优势与挑战

AI 能够在大数据分析、模式识别等方面超越人类，而人类在创新思维、道德伦理等方面具有独特优势。这种互补性使得人类与 AI 可以在各种任务中协同工作，提高工作效率，创造出更多的价值。

人机共生提高了生产效率。在很多领域，AI 机器人代替了人类进行重复性、劳累性的工作，解释了人类的双手。无论是制造业的流水线，还是服务业的客户支持，人机共生不仅大幅度降低了劳动强度，还提高了生产效率。人们不再需要在枯燥乏味的任务上消耗宝贵的时间，而可以将注意力集中在更具创造性和价值的工作上。

人机共生助力创新与发明。机器学习和 AI 的出现为各行各业的研究与创新提供了强大的支持。在医学、天文、物理等领域，机器学习和 AI 不仅加速了数据分析的速度，还通过深度学习为人类提供了全新的思考视角。人机共生在这里促进了科学研究的突破，让创新之花在各个领域绽放。

人机共生提升了生活品质。随着智能家居、物联网等技术的发展，人们的生活逐渐变得更加便捷和智能。智能音箱、自动驾驶汽车等科技产品让人们的日常生活更加轻松愉悦。人机共生在这里让科技为人们的生活提供了无尽的便利，让人们享受到了前所未有的舒适生活。

人机共生为教育带来了变革。在线教育平台、智能教育软件等为学生提供了更加丰富和多样的学习资源。AI辅助的个性化学习让每个学生都能获得与其能力和兴趣相匹配的教育资源。这种人机共生在教育领域的应用，提高了教育质量，让学生在更加公平的环境下成长。

人机共生有助于环境保护。智能环保技术（如智能监测系统、节能技术等）的应用，有效地降低了资源浪费和环境污染。例如，智能农业系统可以监测土壤、水源、气候等环境因素，为农作物提供最适宜的生长条件，从而提高产量，降低化肥和农药的使用率；智能城市管理系统可以实时监测和调整交通、能源等方面的状况，为可持续发展提供有力的保障。人机共生能够让环境保护和可持续发展变得更加有效和可行。

总之，人机共生以其独特的优势，为人类社会带来了一系列深刻的变革。在生产效率、创新发明、生活品质、教育变革和环境保护等多个方面，人机共生都发挥了重要的作用。

然而，我们也应认识到，人机共生带来的挑战同样不容忽视，如AI伦理问题、失业风险等。面对这些挑战，我们需要不断地审视、调整和优化人机共生的实践，确保它始终为人类社会的发展和进步提供正向推动力。在这个过程中，人类与AI将共同成长，共同创造一个更加美好的未来。

1.2.2.3　人机共生形成一种融合生态

在人工智能时代，人机共生俨然已经成为一个时代的缩影，并不断裂变成长为一种融合生态。

人机共生的融合生态，简单来说，就是人类与 AI 共同生活、共同工作、共创未来的模式渗透进了各行各业，形成了一个大的生态圈，从而改变了一个时代的财富、工作和思维。

在人机共生的融合生态中，人类和 AI 将在各领域展开深度合作。包括工业生产、医疗健康、家庭生活、教育培训、农业科技、环境保护等方面，如图 1-5 所示。

在这个过程中，人类逐渐认识到，AI 不再是一种工具，而成了生活中不可或缺的伙伴。人类与 AI 的界限逐渐模糊，二者相互依存、相互学习，并共同成长。

图 1-5　人机共生融合生态

在工业生产方面，人类和 AI 机器人一起打造出高质量的产品。在智能制造、自动化流水线以及无人工厂等现代生产方式的应用过程中，人类和 AI 机器人相互配合，提高生产效率，降低劳动成本。人类和 AI 机器人通过实时数据分析、预测与控制，优化生产流程，提高产品质量，满足个性化需求，推动产业发展。

在医疗健康领域，人机联手为病人提供最佳的治疗方案。机器人助手在手术、诊断、护理等环节发挥出重要作用，提高了医疗效果。AI 辅助诊断系统可以准确分析患者病情，为医生制订最合适的治疗方案。康复机器人还可以为患者提供个性化的训练方案，帮助他们尽快恢复健康。

在家庭生活中，智能家居系统和家庭机器人让生活变得既简单又有趣，能为人们提供便捷服务，极大地提高人们的生活品质。

在教育培训领域，教育机器人与人类教师共同为学生提供更加精准、高效的教育资源。教育机器人能够根据学生的个性特点和学习需求，制订个性化的学习计划，帮助学生更好地掌握知识。同时，AI 教育系统能够实时监测学生的学习进度，为教师提供有效的教学反馈，帮助教师改进教学。

在农业科技领域，人机共生的融合生态正在逐渐改变农业生产方式。农业无人机、智能农机等设备给农业生产带来了极大的便利，降低了劳动强度，提高了农作物的产量与质量。同时，AI 技术在农业种植、养殖、病虫害防治等方面发挥着重要作用，为农民提供科学的决策支持。

在环境保护领域，人类与 AI 共同努力，保护地球家园。无人机、智能监测系统等设备能够实时监测环境状况，为环保部门提供准确的数据支持。此外，机器人可用于海洋垃圾回收、森林防火等任务，降低环境风险。

当然，人机共生的融合生态不仅体现在上述实际应用领域，还在于人类与 AI 之间的心灵交流。

随着技术的发展，AI 逐渐具备了一定的情感识别与表达能力，可以更好地理解人类的需求与情感。在这个过程中，人类与机器人之间的信任感不断增强，形成了一种真正意义上的共生关系。

1.2.3　人与 ChatGPT 的共生

进入 AI 时代，越来越多的人开始关注人类与 AI 的关系。这是一个令人兴奋的时代，ChatGPT 的推出更是引领了人机共生，使这个时代不再是机器取代人类的时代，而成了人机合作、共创美好的时代。

ChatGPT 是一个大型语言模型，由 OpenAI 打造。目前编写的最新版本为 GPT-4，具备了高度的智能和较强的沟通能力。

说到人类与 ChatGPT 的合作，两者之间是如何互动的呢？实际上，人类与 ChatGPT 可以像朋友一样交流，通过对话解决问题、创造新的东西。ChatGPT 可以为人类提供信息、建议、创意等，人类则可以根据自己的需要来引导 ChatGPT。ChatGPT 就好像是一个超级聪明的朋友，跟人类一起探索、发现。

在这个共生模式中，人类和 ChatGPT 的优势互补。人类具有创造力、经验和情感，能够理解复杂的情境、价值观和道德观。ChatGPT 则拥有庞大的知识储备、快速处理信息的能力。双方的优势相结合，可以共同创造出更加卓越的成果。

那么，人与 ChatGPT 的共生模式究竟会给人类的生活带来哪些改变呢？

先来说说教育方式的变革。想象一下，你是一个好奇心旺盛的学生，对世界充满好奇。有了 ChatGPT，你不再需要等待教师的答案，只需向这个智能助手提问，它就会立刻回答你的问题。这样一来，学生可以在任何时间、任何地点学习，不再受时间和地域的限制。与此同时，教师可以利用 ChatGPT 为学生提供更加个性化的教学，让每个学生都能够在适合自己的方式下学习，从而大幅度提高学习效率。

接下来谈谈如何拓宽创新领域。过去，人们总是担心创新的速度跟不上时代的变迁。现在有了 ChatGPT，我们可以迅速地根据自己的需求和指引生成创意。无论科技、艺术还是生活方式，我们都能在各个领域中开拓新的可能性，激发人类的创造力。换句话说，ChatGPT 就像是一个无尽的创意宝库，只要我们愿意去挖掘，就能发现无数的宝藏。

再来说说弥补人类认知局限的问题。人类在面对大量数据和复杂数学计算时，往往会感到力不从心。ChatGPT 则可以在这些方面为人类提供强大的支持。它能够快速准确地处理大量数据，为人类提供解决方案。这样一来，我们就能够更好地发挥自己的长处，将注意力集中在自己擅长的领域。此外，ChatGPT 还可以促进跨领域交流。因为它具备广泛的知识储备，所以能够在多个领域中提供专业的建议和见解。这意味着不同行业的人们可以借助 ChatGPT 进行跨领域交流，从而推动不同领域的合作与创新。这将有助于人类社会的全面发展。

然后谈谈人际沟通模式的改变。在人机共生模式下，人们可以通过与 ChatGPT 的交流，更好地了解自己的需求和情感。这种交流方式可以帮助人们更加清晰地认识自己。此外，通过与 ChatGPT 的互动，人们还能学到更好地倾听他人的技巧，增进人际沟通的效果。因此，这种模式有助于人们更加深入地了解彼此，建立更为紧密的人际关系。

最后谈谈伦理与道德问题。随着人机共生模式的发展，人们开始关注 AI 的伦理与道德问题。这引发了一场关于 AI 的伦理和道德责任的讨论，推动了对相关政策和法规的制定。这些讨论不仅有助于人们正确认识 AI 的地位和作用，还能引导人工智能的发展方向，使其更好地服务人类社会。

这是一个激情燃烧的时代，人类与 AI 共同书写着属于人类的传奇篇章。人类和 AI 将相互依赖、相互学习、共同成长，携手征服一个又一个前所未有的挑战。

在这个伟大的征程中，ChatGPT 横空出世，正在重塑着人们的财富、工作和思维方式，引领人们走向一个更加美好、更加富有机遇的新时代。

第 2 章

ChatGPT介绍

人工智能时代已然来临，我们也迎来了一个崭新的篇章——ChatGPT，引领我们跨入人工智能的新境界。本章将为您揭开 ChatGPT 神秘的面纱，带您领略它的非凡魅力。具体来说，本章从探索自然语言处理与生成模型的奥妙出发，领略其在理解和表达人类语言中的无穷魅力；然后追溯 ChatGPT 系列的发展历程，见证人工智能在智慧的道路一步步攀升的辉煌；最后深入剖析 ChatGPT 的技术特点与应用，体验它如何为人们的生活、工作和学习带来翻天覆地的变革。下面让我们跟随 ChatGPT 的脚步，探寻这个充满智慧、激发创意的美好世界。

2.1　自然语言处理与生成模型

2.1.1　了解自然语言处理与生成模型

2.1.1.1　概念解读

自然语言处理（Natural Language Processing，NLP）是人工智能领域的一个重要分支，它关注计算机如何理解、解析和生成人类的自然语言。自然语言处理结合计算机科学、人工智能和语言学等多个学科的知识，旨在让计算机更好地与人类交流，提高人机互动的效率。简单来说，NLP 就像是让计算机学会跟人类一样"说话"，它能让计算机懂得如何听懂人类说的话，并能够回应人类。像 Siri、Google Assistant 或者 Alexa 这样的语音助手，都是通过 NLP 来理解人类的语音指令，然后为人类提供各种服务的，如播放音乐、查询天气或设定闹钟等。

　　生成模型是自然语言处理中的一类关键技术，它主要用于根据给定的输入和条件，自动生成具有一定结构和语义的文本。生成模型通过学习大量的文本数据，掌握语言的规律和特征，能够以类似人类的方式生成连贯、通顺的句子或段落。它就像是 NLP 的一个高级技巧，可以让计算机自己想出有趣、流畅的句子。有了这个技巧，计算机可以帮我们写出各种各样的文本。例如，生成模型可以帮助我们快速提炼出新闻文章的关键信息，生成简洁、精练的摘要，让我们在短时间内掌握重要资讯。

2.1.1.2　关键技术与算法

　　在自然语言处理与生成模型的发展过程中，出现了一系列关键的技术和算法，其中最具代表性的是基于深度学习的神经网络模型，如循环神经网络（RNN）、长短时记忆网络（LSTM）、门控循环单元（GRU）、Transformer（在线翻译）、预训练语言模型（PLM）等，见表 2-1。

表 2-1　自然语言处理与生成模型的关键技术与算法

技术与算法	介绍
循环神经网络（RNN）	RNN 是一种专门处理序列数据（如文本和时间序列）的神经网络。它可以捕捉到序列中的时间依赖关系，从而在自然语言处理任务中表现出优越的性能
长短时记忆网络（LSTM）	LSTM 是 RNN 的一种改进型，它通过特殊的门结构解决了 RNN 在处理长序列时梯度消失的问题，从而能够更好地捕捉长距离的依赖关系

技术与算法	介绍
门控循环单元（GRU）	GRU 是另一种改进型的 RNN，它通过简化 LSTM 的结构，在保留长距离依赖捕捉能力的同时，降低了计算复杂度
Transformer	Transformer 是一种基于自注意力机制的神经网络结构，它摒弃了传统的 RNN 和卷积神经网络（CNN）结构，能够并行处理序列数据，从而在自然语言处理任务中取得了显著的效果
预训练语言模型（PLM）	PLM 通过使用大量文本数据进行无监督预训练，学习到丰富的语言知识，然后对特定任务上进行微调，从而大幅度提高了各项 NLP 任务的性能

　　这些关键技术和算法在文本分类、情感分析、机器翻译和文本生成等方面取得了显著的成果。特别是近年来，BERT、GPT 和 T5 等预训练语言模型在自然语言处理方面取得了重大突破，推动了自然语言处理与生成模型的进步，使得计算机能够更好地理解、生成和处理人类的自然语言，促进了各领域的革新和发展。

2.1.2　自然语言处理与生成模型的神奇之处

　　自然语言处理与生成模型的神奇之处，如图 2-1 所示。这些神奇之处不仅极大地推动了人工智能领域的发展，也给人类社会带来了诸多实际应用和价值。

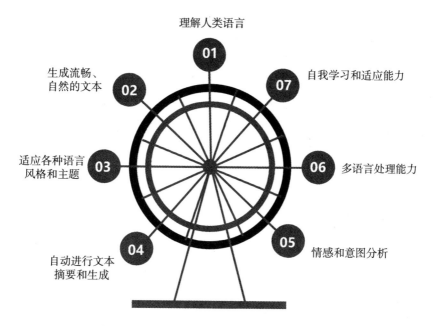

图 2-1　自然语言处理与生成模型的神奇之处

2.1.2.1　理解人类语言

理解人类语言是自然语言处理技术中的重要能力之一。这个能力使得计算机可以像人类一样理解语言的意思，并在处理文本时遵循语法、逻辑和语义的规则。

为了理解人类语言，自然语言处理技术使用词嵌入技术将每个单词转换为向量。这些向量可以在计算机中进行运算和处理，从而实现对单词和句子的理解。

除了词向量外，自然语言处理技术还使用神经网络模型来分析和理解文本数据。这些模型可以捕捉到语言中的复杂结构和语义信息，如上下文信息、语法规则、词汇搭配等。通过对这些信息的学习和处理，自然语言处理技术可以识别和理解各种类型的文本数据，包括新闻文章、评论、电子邮件等。

理解人类语言是最基础的能力，对许多应用程序至关重要，如机器翻译、自然语言问答、信息提取、自动摘要、文本分类等。通过使用自然语言处理技术，计算机可以模拟人类的语言理解能力，从而实现自动化处理和分析大量文本数据的目的。

2.1.2.2　生成流畅、自然的文本

自然语言处理与生成模型的神奇之处在于它们能够生成流畅、自然的文本。这意味着当我们输入一些信息时，自然语言与生成模型可以将它们转化为有意义、自然且流畅的文本。通过自然语言生成模型生成的文本在语法、语义和逻辑上都表现得相当自然，甚至可能让人难以分辨其是否为计算机生成。

为了实现这个能力，自然语言处理与生成模型使用了深度学习算法学习大量的文本数据，并从中捕捉语言的规律和模式。自然语言处理与生成模型不仅能够学习语言的语法和词汇，还可以学习语言的逻辑和语义，从而生成具有连贯性和可读性的文本。

比如，我们可以输入"今天天气真好，我想去公园散步"这样的信息，通过自然语言与生成模型将其转化为"阳光明媚的今天，我打算去公园散步，享受这美好的时光。"这样流畅自然的文本和人类写作出来的并没有太大的区别。

这一神奇能力在许多应用中都非常有用。例如，在自动化写作中，自然语言处理与生成模型可以帮助人们快速生成大量的文本，包括新闻报道、广告语、产品说明等。在自动化客服中，自然语言处理与生成模型可以帮助客服机器人生成适当的回复，快速解决用户的问题。

2.1.2.3　适应各种语言风格和主题

自然语言处理与生成模型可以适应各种语言风格和主题，根据输入的信息和上下文，生成符合特定风格、口吻或主题的文本，如正式的、口语化的、幽默的、严肃的等文本，展现出高度的灵活性和创造力。例如，我们可以输入"我今天感觉很棒，心情非常好"，通过自然语言处理与生成模型将其转化为"今天的天气真是好极了，让我心情大好"。在这个例子中，自然语言生成模型使用了轻松、积极的语气，符合友好、轻松的风格。又如，我们可以输入"关于人工智能的未来，你有什么看法"，通过自然语言处理与生成模型将其转化为"在未来的人工智能领域，我们可能会看到更多的自主决策、更高的效率和更好的用户体验。不过，随着技术的进步，我们也需要更多地关注人类的价值观和道德规范"。在这个例子中，自然语言生成模型使用了科技论文的语调和主题，符合专业、严谨的风格。

另外，自然语言处理与生成模型的神奇能力在许多应用场景中都非常有用。在虚拟主播和虚拟助手中，自然语言处理与生成模型可以为用户提供更加符合情境和主题的自然语言交互，提升用户的体验感和满意度。

假设我们有一位名为"小帮手"的虚拟助手，它的形象是一只可爱的小狗。当用户在与小帮手对话时，它会通过自然语言处理与生成模型，生成符合情境和主题的文本，帮助用户解决问题。例如，当用户询问："小帮手，你喜欢吃什么"时，小帮手可以生成以下回答："作为一只小狗，我最喜欢的食物是骨头和牛肉。不过，我也会尝试一些新的美食，毕竟美食是人生的乐趣之一。"在这个例子中，小帮手使用了轻松幽默的语气，符合可爱的虚拟狗的形象。同时，它根据用户的问题，生成了恰当的回答，展现出了高度的灵活性和较强的创造力。

除了普通的对话功能外，虚拟主播和虚拟助手还可以用于更加复杂的任务，如新闻报道、广告宣传等。通过自然语言处理与生成模型，虚拟主播和虚拟助手可以自动生成符合主题和风格的文本，从而节省人力，降低时间成本，提高生产效率和文本质量。

2.1.2.4　自动进行文本摘要和生成

自动进行文本摘要和生成也是自然语言处理与生成模型的神奇之处之一。这意味着可以快速地从大量文本中提取关键信息，生成简洁、准确的摘要，同时能根据给定的信息创作出全新的文章，从而提高信息获取和创作的效率。

文本摘要是指把一篇文章里的重点信息"提取"出来，然后以简洁、准确的方式呈现给读者。其就像一篇文献综述，读者不需要看完整篇文章，只需要看看每个小标题下面的几句话就能了解这篇文章的主要内容。这对处理大量的文章来说非常有用，可以帮助你更快地找到自己需要的信息。

自然语言处理与生成模型可以通过分析文本的语义和结构，自动地生成摘要。它可以快速地从大量的文章中提取重要信息，并以简洁、准确的方式呈现给用户。

文本生成就像是一个有着无穷想象力的作家，可以根据一些关键信息和语境自动创作出全新的文章。

自然语言处理与生成模型可以通过学习大量的文本数据，发现语言的规律和模式，并以此创作出符合给定主题和语境的文章。这对自动化写作和创作来说非常重要，可以帮助人们快速生成大量的文章，提高生产效率和文本质量。这种技术不仅能让我们节省时间和精力，还能让我们在短时间内产生出高质量的文本，大大提高了工作效率。

除了新闻报道和自动化写作外，文本摘要和生成技术在许多应用场景中都非常有用。例如，在教育领域，它可以帮助教师自动生成测试卷和练习题，减少教师的工作量，提高教学效率。假设一位教师要给学生出一份有关英语知识的测试卷，但是要编写一份高质量的测试卷是非常费时费力的。使用自然语言处理与生成模型，教师只需要输入一些关键信息，如题目类型、难度等级和题目数量，系统就可以自动生成一份符合要求的测试卷。这可以大大减轻教师的工作负担，让教师有更多的时间关注学生的学习。

2.1.2.5　情感和意图分析

自然语言处理与生成模型还可以识别和理解文本中的情感和意图。这是一个非常重要的能力，因为它有助于提高人机交互的自然度，为聊天机器人、智能助手等应用提供支持。

情感分析是指通过分析文本中的语言和情感词汇来判断文本中的情感状态，包括愤怒、喜悦、悲伤等。自然语言处理与生成模型可以通过学习大量的文本数据，从中捕捉到语言中的情感词汇和表达方式，从而自动识别文本中的情感状态。例如，一个人说"我非常喜欢这家餐厅的菜"，计算机可以自动地识别出这句话中的情感状态是"喜欢"。又如，当你与聊天机器人分享自己的烦恼时，它会知道你的情感状态是负面的，然后会安慰你或者提供一些解决方案。

意图分析是指通过分析文本中的语言和关键词汇来判断文本的意图

和目的，如购物、预订机票等。自然语言处理与生成模型同样可以自动识别文本中的意图和目的。例如，当一个人使用智能助手订购外卖时，他可以通过语音助手说出自己要订购的菜品和数量，然后智能助手就可以通过语音识别自动理解他的意图和需求，并生成相应的外卖订单。如果想要取消订单，则可以告诉智能助手这一需求，而智能助手会作出相应的回应。

除了智能助手和聊天机器人外，情感和意图分析技术还可以应用于舆情分析领域，帮助国家或企业快速地了解社交媒体上公众对某个事件或产品的态度和情感，从而及时采取相应的措施。

2.1.2.6 多语言处理能力

想象一下，你有一个会说多国语言的朋友，他能把你的话翻译成其他语言，还能把别人说的话翻译成你能听懂的语言。这不是很厉害吗？自然语言处理和生成模型就是这样一个多才多艺的朋友，能学会很多种语言，然后在不同的语言之间进行翻译、转换和生成。这为人们跨语言的信息交流和应用提供了很大的便利。

你可能会问，自然语言处理与生成模型是怎么学会这么多语言的呢？它就像我们小时候学习说话一样，通过阅读大量的书籍、文章和网页，从中学习不同语言的规则和用法。当它学会了足够多的语言知识后，就能在不同的语言之间轻松地进行转换。这就好比你可以把"你好"翻译成英文的"hello"，或者把"hello"翻译成法语"bonjour"。

自然语言处理和生成模型之所以能实现这些神奇的功能，是因为其背后有一个强大的"大脑"，通过模仿人类的学习和思考方式，让计算机能像人一样去理解和处理语言。这就好比我们给计算机装上了一个会说话的"芯片"，让它能和我们一起交流和学习。

当然，让计算机学会处理自然语言并不是一件容易的事情。因为语言有很多复杂的规则和用法，而且每个人说话的方式和习惯不一样。所以，研究人员需要用到一些高级的技术和方法，如深度学习、神经网络和大数据分析，让计算机更好地理解和处理语言。这就像是给计算机上了一堂高级的语言课，让它能更好地学会不同语言的运用技巧。

多语言处理能力的应用范围广泛，从实时翻译、跨语言搜索到语言学习、文化传播，再到社交媒体监控，其简直就像是一个大熔炉，融汇了各种各样的功能和优势，让人不禁惊叹自然语言处理与生成模型的神奇。

想象一下，在一个熙熙攘攘的国际会议上，与会者来自五湖四海，说着各种各样的语言。这时候，自然语言处理与生成模型就派上了大用场。它能在短短的时间内实现不同语言之间的翻译，让彼此间的沟通变得无比顺畅，仿佛搭起了一座连接世界各地的桥梁。旅行、商务谈判等场合也同样适用自然语言处理与生成模型，其让人们跨越语言障碍，共享信息的海洋。

在互联网上，跨语言搜索的功能更是如虎添翼。用户无须再担心语言不通的问题，只需输入关键词，自然语言处理和生成模型就会将来自世界各地的信息和知识呈现在眼前，让用户拥有一双"千里眼"，可以随时随地洞察世界各地的动态。

在学习语言的过程中，自然语言处理和生成模型更是功不可没。它就像一位亲切的导师，耐心地解答着学习者的疑惑，教授他们语法、词汇和用法。通过实时翻译和纠错功能，学习者可以迅速提高自己的语言水平，让语言学习变得轻松愉快。

在文化传播方面，自然语言处理和生成模型犹如一位博学多才的导游，带领用户领略不同国家和地区的文化、历史和风俗。在这个过程中，人们逐渐打破了彼此间的隔阂，增进了对各种文化的了解。

总之，多语言处理能力为自然语言处理与生成模型提供了更广泛的应用前景，让其能更好地服务全球范围内的信息交流和合作。随着技术的进步，我们有理由相信，未来自然语言处理与生成模型将在多语言处理领域取得更大的突破，为人类带来更多的便利和惊喜。

2.1.2.7 自我学习和适应能力

随着科技的进步，人类的交流方式和生活方式不断演变，其中自然语言作为人类交流的重要载体，不断地更新和丰富。新的话题、新的词汇、新的潮流层出不穷，这对自然语言处理与生成模型来说可谓是个巨大的挑战。但自然语言处理与生成模型具有令人惊叹的自我学习和适应能力，可以应对这一挑战。

随着训练数据的不断更新和扩充，自然语言处理与生成模型不断地吸收营养，这种自我学习能力使得其在处理各种复杂多样的自然语言任务时越来越精确、高效。

有了这样强大的自我学习和适应能力，在面对复杂的语境和语言结构时，自然语言处理与生成模型也能表现出惊人的应变能力，总能在不同的语言环境中找到最合适的方法来应对。自然语言处理与生成模型还擅长从人们的日常生活中学习，了解人们的交流方式、表达习惯，以及最新的潮流话题。通过不断吸收这些信息，自然语言处理与生成模型能更好地理解人们的需求，为人们提供更为贴心的帮助。

强大的学习能力有助于提高自然语言处理与生成模型的泛化能力。

在处理各种复杂多样的自然语言任务时，学习能力越强，自然语言处理与生成模型就越能够从有限的训练数据中挖掘出潜在的规律和模式，从而更好地应对未知的情境和挑战。这对自然语言处理与生成模型在实际应用中的稳定性和可靠性具有重要意义。

同时，具备优秀学习能力的自然语言处理与生成模型还能更好地满足用户的个性化需求。因为每个人的语言习惯和表达方式有所不同，只有不断地学习和适应，自然语言处理与生成模型才能为用户提供更为贴心和便捷的服务。这对改善用户体验和增强用户黏性具有关键作用。

随着科技的不断发展，自然语言处理与生成模型不断升级迭代，如同一位永远年轻、富有激情的探险家，勇敢地迈向未知的领域，不断挑战自己的极限。随着训练数据的不断积累，其自我学习和适应能力逐渐提高，为我们的语言学习和应用带来无尽的可能，有利于实现人类与 AI 之间更高层次的融合与共生。

2.1.3　ChatGPT 与自然语言处理与生成模型

2.1.3.1　ChatGPT 的技术核心就是自然语言处理与生成模型

ChatGPT 是基于 Transformer 架构的神经网络模型，这种模型在自然语言处理领域具有强大的生成能力。Transformer 架构通过自注意力机制来捕捉文本中的依赖关系，并在处理长距离依赖方面表现出优越的性能，相较于循环神经网络（RNN）和长短时记忆网络（LSTM），具有更高的计算效率。

作为一款 AI 助手，ChatGPT 的诞生标志着人工智能在自然语言处理领域的巨大进步。这款 AI 助手不仅具备强大的理解能力，还能为用户提供高效且智能的交流体验。无论是在工作场景还是日常生活中，它都能发挥出其独特的价值。

在工作场景中，ChatGPT 可以有效地提升人们的工作效率。例如，在撰写报告或文章时，AI 助手可以根据人们的需求生成相应的结构和内容，减轻了人们的写作负担。此外，ChatGPT 还可以协助人们进行数据分析，帮助人们更好地理解和利用数据。这些功能使得 ChatGPT 成了一个得力的工作伙伴，大大提高了人们的工作效率。

在日常生活中，ChatGPT 同样能发挥出其独特的价值。人们可以向 AI 助手提问，获取实时的资讯、建议和解答。无论是查询天气、公交路线，还是寻找附近的餐厅，ChatGPT 都能为人们提供及时且准确的信息。同时，ChatGPT 可以协助人们进行语言学习，提供实时的翻译和纠错功能，帮助人们提高语言水平。这些功能使得 ChatGPT 成了一个贴心的生活助手，让人们的生活更加便捷和丰富。

2.1.3.2 基于自然语言处理与生成模型的 ChatGPT 开发步骤

OpenAI 开发 ChatGPT 的过程主要包括以下几个步骤，如图 2-2 所示。

一是数据收集：OpenAI 先要收集大量多样化的文本数据，这些数据可以是新闻文章、论坛讨论、社交媒体帖子等。这些数据覆盖了各种主题和语言风格，有助于训练一个能处理多种任务和场景的模型。

二是预处理：在收集到数据后，OpenAI 需要对数据进行预处理，以便训练模型。预处理包括去除噪声、标准化文本格式、分词等，以确保输入的数据质量。

三是模型设计：OpenAI 采用 GPT 架构作为 ChatGPT 的基础。这是

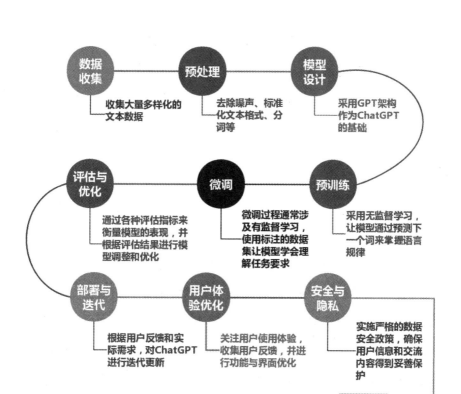

图 2-2　基于自然语言处理与生成模型的 ChatGPT 开发步骤

一种基于 Transformer 的自注意力机制的生成模型，能够有效地捕捉文本中的长距离依赖关系。

　　四是预训练：利用收集到的大量文本数据，OpenAI 对 ChatGPT 进行预训练，使 ChatGPT 掌握了基本的语言知识，如语法、词汇、常见搭配等。预训练采用了无监督学习，让 ChatGPT 通过预测下一个词来学习语言规律。

　　五是微调：预训练完成后，OpenAI 需要对 ChatGPT 进行微调，使其能够更好地完成特定任务。微调过程通常涉及有监督学习，使用标注的数据集让模型学会理解任务要求，如问答、摘要生成等。

六是评估与优化：在训练过程中，OpenAI 不断评估 ChatGPT 的性能，通过各种评估指标（如准确率、召回率等）来衡量模型的表现。根据评估结果，OpenAI 会对 ChatGPT 进行调整和优化，以提高其性能。

七是部署与迭代：当 ChatGPT 达到预期性能后，OpenAI 将其部署为实际应用。在使用过程中，根据用户反馈和实际需求，OpenAI 会不断对 ChatGPT 进行迭代更新，进一步提升其性能和功能。

八是用户体验优化：OpenAI 关注用户在使用 ChatGPT 时的体验，收集用户反馈，并根据实际需求进行功能改进。为了提供一个更友好、易用的界面，OpenAI 与 UI/UX 设计师合作，设计直观的操作界面和流程，使用户能够轻松地使用 ChatGPT 完成各种自然语言处理任务。

九是安全与隐私：在开发和部署 ChatGPT 的过程中，OpenAI 非常重视用户的安全和隐私问题。为保护用户数据，OpenAI 实施严格的数据安全政策，确保用户信息和交流内容得到妥善保护。此外，OpenAI 还会持续关注 ChatGPT 可能带来的潜在伦理风险，并采取相应措施来减轻这些风险。

十是社区支持与发展：为了让更多人受益于 ChatGPT 的应用，OpenAI 积极参与各种技术社区和学术研究活动，与全球各地的研究人员和开发者分享经验和成果。此外，OpenAI 也提供了各种开发工具和资源，鼓励研究人员基于 ChatGPT 创建新的应用和服务，推动自然语言处理技术的普及和发展。

通过上述开发过程，OpenAI 成功地将自然语言处理与生成模型的技术应用到 ChatGPT 中。ChatGPT 在各种场景下都能发挥出强大的语言理解和生成能力，成为人们工作和生活中的得力助手。随着技术的不断进步，我们有理由相信，ChatGPT 将继续升级迭代，给人类带来更多的便利。

2.2　GPT 系列的发展历程

2.2.1　前传：Transformer 模型、预训练与微调

2.2.1.1　奠基：Transformer 模型

GPT，全称 Generative Pre-trained Transformer，是一种用于自然语言处理的人工智能模型。GPT 系列的开发源于一种被称为 Transformer 的神奇模型。2017 年，自然语言处理（NLP）领域正处于一个关键的历史时刻。来自谷歌的 Vaswani（瓦斯瓦尼）等研究人员提出了一个颠覆性的新模型：Transformer 模型。这个模型采用了一种独特的自注意力（self-attention）机制。

在这之前，在处理自然语言序列时，通常利用循环神经网络（RNN）和长短时记忆网络（LSTM），这两种网络采用了顺序处理的方式，这意味着它们需要按照顺序逐个处理输入序列中的元素。这种顺序处理方式使得 RNN 和 LSTM 在捕捉长距离依赖关系方面表现不佳，因为它们需要记住很久以前的信息。此外，由于顺序处理，RNN 和 LSTM 难以充分利用现代硬件并行计算的能力，导致训练和推理速度相

对较慢。

自注意力机制作为 Transformer 模型的核心组件，突破了 RNN 和 LSTM 的局限性，通过一种全新的方式处理序列数据，可以同时处理序列中的所有元素。具体来说，它会计算序列中每个元素与其他元素之间的关联性。这种计算方式使得自注意力机制能够更好地捕捉长距离依赖关系，因为它不需要像 RNN 和 LSTM 那样顺序处理数据。

在此举个例子以便更好地理解。假设有一个包含四个单词的句子："我喜欢吃苹果。"在计算自注意力时，Transformer 模型首先会为每个单词生成一个表示（也称为向量）。接下来，Transformer 模型会计算每个单词与其他单词之间的关联性。例如，Transformer 模型可能发现"喜欢"和"吃"之间有很强的关联性，因为它们描述了一种行为。类似地，Transformer 模型可能发现"吃"和"苹果"之间也有很强的关联性，因为它们描述了行为的对象。通过这种方式，自注意力机制就可以捕捉到句子中的依赖关系。

自注意力机制的另一个优点是计算效率高。因为自注意力机制可以同时处理整个序列，所以它能够充分利用现代硬件的并行计算能力。这使得 Transformer 模型在训练和推理过程中比 RNN 和 LSTM 更快。

2.2.1.2　加持：预训练与微调

在 Transformer 模型的基础上，研究人员发现，为了让 Transformer 模型更好地理解和生成自然语言，需要让 Transformer 模型先通过大量文本数据进行学习。这个过程被称为预训练。

首先，我们来了解一下什么是预训练。

回想一下，一个小宝宝刚出生，他需要在成长过程中学习如何说话、读书、写字。同样，机器人也需要通过大量的文本数据进行学习，这样它才能掌握语言的基本知识，如语法、句法和常识。这个过程就像是给它读了很多书，让它学会了很多知识。这个过程就是预训练，其目的是让机器人掌握语言知识，这样，它在面临特定的任务时，就能更好地理解和处理语言。

在机器人掌握了语言的基本知识后，研究人员要教它如何利用这些知识来解决实际问题。这时候，他们想出了一个办法，那就是根据相关的任务数据，对模型进行"微调"。这个过程就像是给机器人上了一堂实践课，让它在实际场景中练习、应用所学到的知识。

那么，什么是微调呢？

虽然一个小朋友掌握了很多知识，但是他还需要在教师的指导下做一些练习，让这些知识在实际场景中发挥作用。微调就是这样一个过程。研究人员会用一些特定的任务来测试机器人的能力，然后通过不断的练习和调整，让它在这些任务上的表现越来越好。

通过预训练和微调这两个过程，机器人就能变得越来越聪明。它不仅能理解人类的语言，还能处理各种各样的自然语言任务。

总结来看，预训练的目的是让 Transformer 模型掌握语言的基本知识，如语法、句法和常识。这样，当 Transformer 模型面临特定的任务时，它就能更好地理解和处理语言。微调的目的是根据特定任务或领域对预训练模型进行优化和调整，以提高其在该任务或领域中的性能，使 Transformer 模型在特定应用场景中的表现更出色。

在预训练和微调的加持下，Transformer 模型的泛化能力大大提高，能够适应各种不同的自然语言处理任务。

2.2.2 开端：GPT-1

2018 年 6 月，OpenAI 成功开发出了第一代 GPT 模型，也称为 GPT-1。这个模型是基于 Transformer 架构的，采用了预训练与微调的方法。GPT-1 在多个自然语言处理（NLP）任务上取得了较好的成绩，为后续 GPT 系列模型的开发奠定了基础。

2.2.2.1 研发背景

在 GPT-1 出现之前，传统的 NLP 模型就像一个挑剔的美食家，需要精心准备大量"美食"——标注数据，来开展任务训练。

可惜的是，这些"美食"并不容易找到，因为高质量的标注数据实在是太稀缺了。而就算是成功地训练出一个模型，它也很难拓展到其他任务中，只能算是一个"局限于某个领域的专家"，并非真正懂得自然语言处理的"大师"。

为了摆脱这个尴尬的境地，研究者开始尝试新的方法，企图给 NLP 模型安装一颗"悟性芯片"，让它在无标签数据的大海中学会"游泳"——掌握一个通用的语言模型，以便让模型快速适应不同的场景，轻松应对不同的挑战。于是，预训练与微调的方法就被应用于 GPT 模型的训练中。

2.2.2.2 训练方法

要了解 GPT-1 的训练方法，我们需要掌握两个关键阶段：无监督预训练和有监督微调。

无监督预训练阶段要求 GPT-1 模型学会基本的语言知识，有监督微调阶段要求 GPT-1 模型能够针对特定任务进行优化。这种训练方法使得 GPT-1 具备了强大的自然语言处理和生成能力，为各种实际应用提供了有力支持。

一是无监督预训练。无监督预训练是 GPT-1 学习语言知识的第一阶段。在这个阶段，GPT-1 通过分析大量的无标签文本数据，自动学习语言的规律和结构。它就像一个初学者，需要阅读大量的书籍和文章来充实自己。

无监督预训练的目标是让 GPT-1 学会在给定一段文本序列时，预测下一个词汇的能力。想达成这个目标，GPT-1 需要最大化条件概率似然值。换句话说，GPT-1 要能够更准确地预测下一个词，从而使给定序列前面的词出现的概率最大。这样，GPT-1 就能在学习过程中捕捉到文本中的规律，从而为后续的任务提供有力的支持。

为了提高预测下一个词的准确性，GPT-1 努力调整自己的参数，让每个词出现在正确的位置，从而形成更有意义的句子。这就像一个学生通过大量练习来提高写作水平。在这个过程中，GPT-1 采用了 Transformer 的结构。我们可以把 Transformer 想象成一个智能的阅读器，它能在文本中发现隐藏的关联，理解词语之间的联系。Transformer 由多层 Transformer 块组成。每个 Transformer 块都包含一个多头自注意力机制，它可以在不同位置的词之间建立联系，捕捉文本中的长距离依赖关系。通过全连接层，Transformer 可以得到输出的概率分布，以预测下一个词。

通过无监督预训练过程，GPT-1 掌握了语言知识，为后续任务的完成打下了坚实的基础。

二是有监督微调。在无监督预训练阶段之后，GPT-1 掌握基本的语言知识，就像一个学生在学习语法和词汇之后，具备了一定程度的阅读和写作能力。接下来，为了让模型更好地完成特定任务，研究人员需要对其进行有监督微调。这就像让学生参加不同类型的考试，以检验他们在特定领域的知识和技能。

以情感分析任务为例，研究人员需要训练 GPT-1 识别文本中的情感，如积极、消极或中性情感。这个阶段需要使用标注数据集，即每个文本都有一个相应的情感标签。这就像学生阅读一篇文章，并判断文章作者的情感倾向。

我们将预训练后的 GPT-1 应用于这个有监督任务。首先，将带有情感的文本输入预训练模型中，GPT-1 会根据自己学到的语言知识为文本生成一个特征向量，这就像学生阅读文章后理解到的关键信息。然后，通过一个全连接层，特征向量被转换为预测结果，即情感标签。这就像学生根据自己的理解，为文章打上情感标签。

有监督微调的目标是让 GPT-1 在给定输入文本时，能更准确地预测相应的标签，即最大化似然值。这就像让学生在考试中尽量准确地回答问题，提高自己的分数。为了实现这个目标，我们需要不断调整 GPT-1 的参数，使其在特定任务上的表现更好。

类似地，文本分类和问答任务中，我们也可以通过有监督微调来优化 GPT-1 的性能。文本分类任务就像让学生阅读一篇文章，并将其归类到合适的类别；问答任务则像让学生回答关于文章的问题。在这些任务中，GPT-1 需要根据输入文本生成特征向量，并通过全连接层得到预测结果。

总之，有监督微调阶段就像让学生参加不同类型的考试，检验他们在特定领域的知识和技能。通过这个过程，GPT-1 能够更好地完成各种特定任务，为实际应用提供有力支持。

2.2.2.3　数据集

当我们在评估自然语言处理模型时，训练数据的来源是一个重要的考虑因素。

GPT-1 预训练数据采用了名为 Book Corpus（语料库）的数据集进行训练。那么，为什么研究者会选择这个特定的数据集呢？有两个主要原因：一是更长的上下文依赖关系；二是验证模型的泛化能力。

首先，让我们了解一下什么是 Book Corpus 数据集。

Book Corpus 是一个包含大约 7 000 本书、5 GB 文字内容的庞大数据集，涉及各种各样的主题。这些书籍都是经过精心挑选的，以确保它们具有很高的质量和丰富的内容。这个数据集的特点之一就是它包含很长的句子和段落。

我们可以设想一下：当我们在阅读一本书时，是不是通常需要在不断翻页的过程中理解长篇的内容？因此，这个数据集具有更长的上下文依赖关系。

上下文依赖关系对自然语言处理任务非常重要，可以帮助 GPT-1 更好地理解和处理复杂的句子结构。通过使用这种数据集，GPT-1 能够学会理解长篇的句子和段落，从而在处理实际任务时，能够更好地捕捉上下文信息，提高预测的准确性。这就是选择 Book Corpus 数据集的第一个原因。

另外，泛化能力是指一个模型在处理未见过的数据时的表现。换句话说，如果一个模型具有很强的泛化能力，那么它在处理新问题和任务时的表现会更好。

Book Corpus 数据集中的书籍并未发布，这意味着它们不太可能出现在其他数据集中。这让研究者有机会测试 GPT-1 在处理全新数据时的表现，从而检验它的泛化能力。

通过在如此庞大的数据集上进行训练，GPT-1 可以掌握大量关于自然语言的知识，从而在面对新问题和任务时具有更强的适应性。

总之，GPT-1 使用的 Book Corpus 数据集的庞大规模是其成功的关键因素之一。这种大规模数据集不仅帮助 GPT-1 掌握了丰富的语言知识，还提高了其在处理未见过的数据时的泛化能力。

2.2.2.4　网络结构

GPT-1 采用了 12 层的 Transformer 结构，这意味着 GPT-1 是由 12 个相互堆叠的单元组成的，每一层都有助于提高 GPT-1 的性能和能力。

同时，为了更好地学习和理解语言，GPT-1 使用了一种叫"掩码自注意力头"的技术。掩码自注意力头的作用是帮助 GPT-1 在阅读文本时关注到与当前任务相关的部分。

举个例子，当你在阅读一篇文章时，你的大脑会自动关注和你想了解的问题相关的信息。这种关注机制使得 GPT-1 在处理大量文本时更加高效。

掩码自注意力头的使用使得 GPT-1 在学习过程中看不见未来的信息。这意味着当 GPT-1 在阅读一段文本时，它不能提前知道接下来的内容。这有点像人阅读一本书，人不能在阅读前面的章节时就预知后面的剧情。这样做的原因是让 GPT-1 更好地泛化，也就是在面对新的、未曾见过的数据时，GPT-1 依然能够作出合理的判断和预测。

总之，GPT-1 是一种基于 12 层的 Transformer 结构的人工智能模型，它利用掩码自注意力头来提高对自然语言的理解和生成能力。这使得 GPT-1 在处理自然语言任务方面具有很强的潜力。

2.2.2.5　性能

GPT-1 采用了 Transformer 架构，这使得它在学习词向量方面具有强大的能力。基于 GPT-1 得到的词向量进行下游任务的学习，可以使得这些任务获得更好的泛化能力。

在有监督学习的 12 个任务中，GPT-1 在 9 个任务上的表现超过了当时最先进的模型，证明了其卓越的性能。这一优势使得 GPT-1 在 NLP 领域具有广泛的应用前景。例如，在 zero-shot（零次学习）任务中，即使是在未见过的数据上，GPT-1 也能够展现出较好的性能。与基于 LSTM 的模型相比，GPT-1 的稳定性更高。

此外，随着训练次数的增加，GPT-1 的性能逐渐提升。对于下游任务的训练，GPT-1 通常只需要简单的微调便能取得非常好的效果。这表明 GPT-1 具有很强的泛化能力，能够应用到与有监督任务无关的其他 NLP 任务中。同时，它在提取和学习语言特征方面具有很高的效率。

不过，GPT-1 在未经微调的任务上的泛化能力远远低于经过微调的有监督任务。这表明 GPT-1 更像是一个简单的领域专家，而非通用的语言学家。尽管如此，GPT-1 在 NLP 领域的表现也已经相当出色，这为后续的研究和发展奠定了坚实的基础。

2.2.2.6　影响

自计算机科学诞生以来，人类对让机器具备理解和生成自然语言的能力的追求从未停止。自然语言处理（NLP）技术经历了从规则系统、统计学习到深度学习的发展过程。在这个过程中，GPT-1 的诞生堪称一个奇迹，它成功地实现了预训练与微调相结合，并在一系列自然语言处理任务上取得了令人瞩目的成果。这个具有划时代意义的模型在自然语言处理技术的发展史上留下了浓墨重彩的一笔。

GPT-1 的影响是多方面的，其在很大程度上为研究者的后续研究提供了有益的启示。

首先，研发团队凭借着对科学的执着追求和对技术的精湛驾驭，成功地运用 Transformer 架构，实现了大规模的自监督学习。这种先进的学习方法能够让 GPT-1 充分地理解语义和语法，从而具备强大的语言生成能力。GPT-1 的出现为自然语言处理领域揭开了一个崭新的篇章，也为 GPT-2、GPT-3、GPT-3.5、GPT-4 等模型的出现奠定了坚实的基础。

其次，GPT-1 在多个自然语言处理任务上的表现远超之前的技术。这使得学术界和社会界对该技术的关注度和应用兴趣达到了前所未有的高度。由于 GPT-1 的成功，自然语言处理领域得到了更多的投资和支持，进一步推动了相关研究和技术的发展。

最后，GPT-1 的出现为人工智能和其他学科的交叉研究提供了新的契机。例如，在生物学、心理学、神经科学等领域，研究者开始尝试借鉴 GPT-1 等自然语言处理模型的原理，以期在模拟生物神经网络、理解人类认知和情感等方面取得突破。

然而，GPT-1 的成功同时也暴露出一些挑战。例如，模型生成的文本可能存在一定的偏见，这是因为其训练数据来源于现实世界，现实世界中的数据往往包含人类的主观观点和不公平现象。为了解决这个问题，研究者开始关注如何消除 GPT-1 的偏见，以确保 GPT-1 能够更加公平地服务全人类。又如，GPT-1 在生成文本时可能出现信息的重复、语义不连贯等问题。这要求研究者在后续的模型设计中，不断优化和改进算法，以提高生成的文本的质量和可靠性。

总之，GPT-1 的出现对自然语言处理技术的发展产生了积极的影响。不过，随着技术的不断发展，我们也需要关注其中涉及的伦理道德、环境和社会问题，并通过不断的学术研究、政策调整和社会监管，确保自然语言处理技术的可持续、公平和安全发展。

2.2.3　迭代：从 GPT-2 到 GPT-4

2.2.3.1　GPT-2

2019 年 2 月，OpenAI 发布了 GPT-2，有 1.5 亿个和 8 亿个参数两个版本。这是一款与其前辈 GPT-1 相比，具有更大模型规模和更丰富训练数据的自然语言处理模型。GPT-2 在许多任务上的表现已经超越了人类水平，因此受到了广泛关注。但是，因为 GPT-2 的生成能力太强了，OpenAI 担心它可能带来潜在风险，所以只发布了部分模型。虽然 GPT-2 只发布了部分模型，但它仍然对自然语言处理领域的未来发展产生了深远的影响，也为我们更加谨慎地探索技术应用提供了方向。

GPT-2 的训练数据集是来自 Reddit（网站名）上高赞文章的 WebText 数据集，包含大约 800 万篇文章，共 40 GB。但是，为了避免与测试集冲突，WebText 数据集去除了所有的 Wikipedia（维基百科）文章。

GPT-2 还有两个重要的模型改进：一是将 Layer Normalization 移动到每个模块的输入部分，并在每个 self-attention 之后额外添加一个

Layer Normalization。这样可以让模型更容易收敛，并且减少了训练时间。二是将残差层的初始化值缩放为"x 倍"，其中"x"是残差层的个数。这可以有效减少梯度消失和梯度爆炸的问题，使得模型更加稳定。

为了验证模型性能，GPT-2 训练了 4 组不同层数和词向量长度的模型。实验结果表明：随着模型规模的增加，性能持续提升。

比如，在测试模型捕捉长期依赖能力的"LAMBADA"数据集上，GPT-2 将困惑度从 99.8 降到了 8.6；在阅读理解数据中，GPT-2 超过了 4 个 baseline 模型中的三个。

GPT-2 的核心思想认为：所有的有监督任务都可以被视为语言模型的一部分。也就是说，只要有足够的数据和一个大型的模型，只通过训练这个语言模型就可以完成许多不同类型的任务，而无须额外的训练。

举个例子，有一个机器人能够阅读和理解海量的文本数据。随着时间的推移，这个机器人会变得越来越聪明，因为它不断从这些数据中学习。最终，它很可能学会执行各种各样的任务，如翻译、摘要、问答等。这就是 GPT-2 的基本思想。

GPT-2 也证明了这种方法的可行性。通过使用大量的数据和参数，GPT-2 展示了它可以迁移到其他任务，而不需要经过特定任务的训练。这意味着我们只需要一个强大的语言模型，就有可能完成各种不同的任务。

然而，尽管 GPT-2 取得了一定的成果，但它的表现仍有很大的提升空间。事实上，在某些任务上，GPT-2 的表现甚至不如随机结果。这就好比一个聪明的孩子虽然学会了很多知识，但在实际应用中表现并不总是能够达到我们的期望。这说明，虽然 GPT-2 很有潜力，但它仍然需要在许多方面进行改进。

GPT-2 的核心思想让我们相信：只要有足够的数据和强大的模型，我们就能够完成各种有监督任务。

2.2.3.2　GPT-3

2020 年 6 月，GPT-3 发布，其是当时最大的自然语言处理模型。它在许多任务上取得了令人惊叹的表现，特别是在生成文本方面，其生成质量达到了令人难以分辨真伪的程度。这使得 GPT-3 成了自然语言处理领域的热门话题，引起了广泛的关注，并被认为是自然语言处理领域的一个里程碑。

和 GPT-2 类似，GPT-3 的核心思想也是使用大规模语料库进行预训练，并利用这些学习到的知识来完成各种自然语言处理任务。

GPT-3 比 GPT-2 更加强大，这主要表现在它具有更高的模型容量和更多的训练数据。

GPT-3 的模型容量非常大，达到了 1 750 亿个参数。这意味着 GPT-3 可以学习到更加复杂和抽象的知识，从而在各种自然语言处理任务中表现得更出色。

除了模型容量大外，GPT-3 还有一个非常重要的优势，那就是数据量大。GPT-3 使用了来自互联网的大量文本数据进行预训练，包括维基百科、网站文章、新闻、论坛和社交媒体等，共使用了数万亿个单词来预训练模型。这使得 GPT-3 能够学习到更加广泛和多样化的知识，从而在各种自然语言处理任务中表现得更出色。

那么，GPT-3 到底有哪些超凡的能力呢？GPT-3 不仅可以完成各种自然语言处理任务，如问答、翻译、文本生成、摘要、情感分析和语音识别等，还可以执行一些难度较大的任务，如代码生成、数学问题求解和图像生成，甚至可以根据指示来编写一篇文章或者写一首诗歌。除了以上任务外，GPT-3还可以执行一些非常有趣的任务，如生成虚构故事、编写电子邮件、绘制漫画和设计网站。这些都需要很高的语言能力和创造力。

当然，GPT-3的能力不仅仅体现在这些方面，它在许多复杂的自然语言处理任务中同样表现出色。你可能会想，这是怎么做到的呢？

这要归功于它的两大核心技术：情景学习（In-context learning）和少样本、单样本、零样本学习（Few-shot, one-shot, zero-shot learning）。情景学习让GPT-3在处理任务时能够根据上下文进行学习，在处理各种任务时表现出惊人的适应性。少样本、单样本、零样本学习则让GPT-3能够在很少甚至没有示例的情况下学习并解决问题。你可以想象一下，这就像是你在玩一个全新的游戏，却只需要看几个提示就能迅速掌握玩法。这种学习能力使得GPT-3更接近人类的学习方式，让它能够胜任各种各样的任务。

这么强大的GPT-3是如何被训练出来的呢？

GPT-3的训练数据包括五个不同的语料库，分别是低质量的Common Crawl，高质量的WebText2、Books1、Books2和Wikipedia。研究人员根据这些数据集的质量分配了不同的权重，以便在训练过程中确保平衡。

在模型结构方面，GPT-3沿用了GPT-2的设计，但对模型容量进行了大幅度提升。它采用了数十层的多头Transformer结构，并增加了词向量长度以及上下文窗口大小。这些改进使得GPT-3在处理任务时更加强大和灵活。

但是，GPT-3也面临着一些挑战和限制。

第一，GPT-3 需要大量的计算资源才能被使用。这意味着只有大型科技公司或研究机构才有能力利用这种 GPT-3。

第二，GPT-3 的生成文本可能存在一些偏见和错误。因为它的训练数据是从互联网中自动收集的，所以可能存在一些不准确或者带有偏见的数据，这可能会影响生成的文本的准确性和质量。

第三，GPT-3 生成的文本可能会被滥用，如用于恶意目的或者欺诈行为。

为了解决这些问题，研究人员正在不断努力改进 GPT-3，如提升训练数据的质量和多样性、增加模型的可解释性和透明性，以及开发更好的监督和控制机制。

此外，一些研究人员也在探索如何使用 GPT-3 模型来解决一些重要的社会问题，如自然灾害响应、医疗健康和环境保护等。

总之，GPT-3 就像是一个超级英雄，拥有许多超乎寻常的能力。它在自然语言处理、编程、数学等方面，都展现出了惊人的能力。它的出现不仅让我们看到了 AI 技术的巨大潜力，也给我们解决各种问题带来了前所未有的便利。当然，GPT-3 并非完美无瑕，它也有自己的局限性。然而，这并不妨碍我们对 GPT-3 的研究和优化，让我们期待 GPT 系列模型的后续升级。

2.2.3.3　GPT-3.5

2022 年 3 月，OpenAI 发布了全新版本的 GPT-3，名叫"text-davinci-003"。这款 AI 模型是在截至 2021 年 6 月的数据基础上进行训练的，是对前一个版本（2020 年 6 月发布的 GPT-3）的升级。后来，OpenAI 将其称为"GPT-3.5"系列。

在接下来的几个月里，OpenAI 又发布了几个新模型，它们都属于 GPT-3.5 系列。这个系列一共有五个不同的模型，其中四个是专门为文本任务优化的，还有一个是为代码任务优化的。

2023 年 3 月，最新版本的 GPT-3.5——GPT-3.5-turbo 正式亮相，引发了人们对 GPT-3.5 的狂热追捧。

GPT-3.5 可以说是个 "超级升级版" 的 GPT-3，使用了一种叫 ELECTRA 的预训练方法，可以更好地学习大量数据集中的语言模式。同时，它采用了一种叫 PET（prompt-based extraction of templates）的模型微调方法，可以针对特定任务和领域更好地完成任务。

那么，GPT-3.5 到底有多牛？

相较 GPT-3，在 CommonsenseQA、SuperGLUE、Wikipedia 和 WebText 等任务上，GPT-3.5 的表现更加出色，而且 GPT-3.5 可以同时处理多个任务，还引入了一种叫 "闭环生成" 的方法，让生成的输出更加优化。闭环生成的方法就是在生成输出后自动评估其准确性，然后根据评估结果更新模型权重。这样，我们就不需要人工手动调整模型了，GPT-3.5 会自动学会如何做得更好。

GPT-3.5 不仅在技术上有所创新，还在实际应用中展示出了较大的潜力。多任务学习使得 GPT-3.5 能够被广泛应用于各种场景，如内容生成、智能问答、机器翻译、自动摘要、对话系统等。企业和开发者可以利用 GPT-3.5 为用户提供更高质量和更智能的服务。

GPT-3.5 的成功激发了人工智能界的研究热情，吸引了越来越多的人工智能专家探索更先进的自然语言处理技术。此外，GPT-3.5 的发布也为研究者提供了丰富的资源和工具，有利于他们构建复杂的人工智能应用。有了 GPT-3.5，开发者可以尽情发挥创意，构建各种各样的应用。

2.2.3.4　GPT-4

2023 年 3 月，OpenAI 发布了一款更强大的语言模型——GPT-4，引起了全球范围内的广泛关注。

在此之前，ChatGPT 使用的是 GPT-3.5 模型。与之不同的是，GPT-4 最大的特点是可以识别和分析图像。

OpenAI 表示，GPT-4 可以接收图像和文本输入，然后输出文本。它的性能在某些方面已经可以媲美人类。

此前，美国伊利诺伊理工大学芝加哥肯特法学院在其官网上发布了一个令人惊讶的消息：早在 2022 年 7 月 GPT-4 就参与了统一律师资格考试并通过。

统一律师资格考试是一场非常严肃的考试，包括 7 个学科。而GPT-4 在其中的民事诉讼、刑法、证据法等学科考试中的成绩竟然超过了人类考生。美国伊利诺伊理工大学芝加哥肯特法学院的 Daniel Martin Katz 教授和其他法律专家为了研究这个现象，联手发表了一篇名为"GPT-4 Passes the Bar Exam"的论文。在这篇论文中，他们深入探讨了GPT-4 在复杂法律推理方面的出色表现，这对法律界产生了深远的影响。

这场考试为 GPT-4 提供了一个展示其法律知识和推理能力的绝佳平台，其也证明了其具备在实际应用场景中取得成功的潜力。

有了这个背景，我们可以想象，OpenAI 在 GPT-4 的研发过程中，一直在为这个智能模型注入各种知识，包括法律领域。GPT-4 像一个渴望学习的学生，不断吸收新知识，并运用这些知识来解决现实生活中的问题。

那么，GPT-4 真的有这么神奇吗？

实际上，GPT-4 是 ChatGPT（聊天机器人）、GPT-3.5（自然语

言处理模型）和 CLIP（连接文本和图像的神经网络）三者的有机组合。这三个组件各自都非常优秀，OpenAI 将它们合而为一，使之更为强大。

此外，GPT-4 在训练过程中增加了更多数据，扩大了数据规模。这使得 GPT-4 变得更聪明、更全面，可以更好地帮助人们解决问题。不过，GPT-4 的强大也令许多人升起了被取代的焦虑，但人工智能的研发目的本身就不是取代人类，而是协助人类。人机共生才是未来的工作与生活主旋律。

在编程领域，GPT-4 作为一个强大的语言处理模型，已经具备了使用几乎所有编程语言的能力。这一技术进步对程序员产生了一定的影响，既给他们带来了压力，也为他们提供了新的机会。

GPT-4 能高效地完成许多简单的编程任务，这对那些从事简单编程工作的程序员来说无疑增加了竞争压力。程序员必须不断提高自己的技能水平，以避免被取代。

需要注意的是，在实际工作中，虽然 GPT-4 的性能相对于前一版本有了很大的提升，但它生成的代码仍然不能保证100%的正确性和可用性。这就需要程序员密切参与代码审查和调试的过程，与 AI 模型共同工作，以确保最终生成的代码能够满足实际需求。

当程序员发现 GPT-4 生成的代码存在问题时，要先仔细审查代码，检查代码的逻辑、语法以及结构，找出可能导致问题的部分。如果程序运行时产生了错误，程序员需要仔细阅读错误信息以获取有关问题的详细信息，然后利用调试工具找出问题出现的根本原因，逐步调试并修改代码。在必要时，程序员还需对问题部分进行重构，以提高代码质量和可维护性。修改完成后的代码，程序员还要对其进行充分的测试，确保问题得到解决，并保证未引入新的问题。

通过上述步骤,程序员可以与 GPT-4 共同解决代码问题,提高生成的代码的质量和可用性。当然,随着 AI 技术的不断发展,未来的 AI 编程助手可能会变得更加智能和准确,但程序员的参与依然是关键,以确保最终生成的代码能够满足实际需求。

由此可见,GPT-4 的出现并非只带来了威胁。事实上,它也可以成为人们的得力助手。人机共生的模式能让人们将更多精力投入创新型的项目中,而让 GPT-4 处理一些琐碎的细节。这种协作方式可以提高工作效率。

从 GPT-1 到现在的 GPT-4,AI 语言模型已经取得了令人瞩目的进步。最初 GPT-1 作为一个开创性的产品,为我们展示了 AI 在文本生成、自然语言理解和知识获取等方面的潜力。随后,GPT-2 带来了更强大的性能,但也引发了人们对潜在滥用的担忧。GPT-3 则进一步拓展了模型的应用场景,使得许多复杂任务都能得到较好的解决。GPT-3.5 可以同时处理多项任务,应用场景更加多样。GPT-4 除了在语言处理方面有所提升外,还加入了图像处理的能力。这使得 AI 助手的应用范围得到了进一步拓展,为用户提供了更多可能性。

展望未来,我们可以预见 AI 语言模型将会越来越智能。或许,它们将处理更多类型的数据,如视频和三维图像,以满足不同行业的需求。同时,随着技术的进步,未来的 AI 助手可能会更人性化、更具创造力,并在各种任务中表现得更加出色。

总的来说,GPT 系列的迭代不仅见证了 AI 领域的突破性成果,也为我们揭示了未来可能的发展方向。未来的大型 AI 模型可能会逐渐扩展其处理数据类型的能力,进一步拓展到处理视频和三维图像等数据类型。让我们一起期待,未来 GPT 系列的更多升级版本早日成为现实。

2.3 ChatGPT 的功能与应用

2.3.1 ChatGPT 的惊人功能

ChatGPT 可以说是现在最流行的人工智能产品之一，它的出现为人们的生活带来了极大的便利和乐趣。与传统的机器人相比，ChatGPT 更加聪明、灵活。下面详细介绍 ChatGPT 这款现象级人工智能产品都有哪些令人惊叹的功能。

2.3.1.1 文本生成

先从一个案例说起，假设我们现在想写一本关于创业奋斗的小说，主人公是小 A、小 B、小 C，他们历尽千辛万苦，相互帮助建立了一个外贸企业。在构思这一小说框架的时候，ChatGPT 可以提供哪些帮助呢？下面一起来看看它的回答。

ChatGPT:
如果您想写一本关于创业奋斗的小说，以小A、小B和小C为主人公，讲述他们经历艰难困苦、相互帮助建立一个外贸企业的故事。以下是一个可能的故事梗概和部分情节，供您参考：
书名建议：《三人行创业路》
故事梗概：这是一个关于梦想、奋斗和友谊的故事。小A、小B和小C三个年轻人在大学毕业后，决定一起创业。他们历经千辛万苦，相互扶持，在一次次失败中找到成功的方法，最终建立了一个实力雄厚的外贸企业。

情节设定：

1.背景设定：故事发生在一个经济快速发展的时代，三位主人公身处一个充满挑战和机遇的社会环境中。

2.角色设定：

小A：外向、乐观、有活力，擅长与人沟通。他担任企业的销售和客户关系管理。

小B：内向、认真、有责任心，擅长解决问题。他负责企业的运营和供应链管理。

小C：聪明、创新、有远见，擅长研究市场。他负责企业的市场战略和产品开发。

3.创业初期：三位主人公在大学毕业后，找不到理想的工作。在一次偶然的机会下，他们开始了解外贸行业，并决定一起创业。他们开始从零学习外贸知识、寻找产品和客户。

4.困难与挑战：在创业初期，他们面临着资金短缺、客户稀缺、产品品质不稳定等问题。同时，他们还要面对激烈的市场竞争，以及来自家人和朋友的质疑和压力。

5.相互扶持：在困难时期，小A、小B和小C始终相互鼓励、相互支持。他们一起熬夜学习新知识，亲自去工厂了解生产情况，拓展客户资源。

6.意外的转机：在一次国际贸易展览会上，他们的产品引起了一位重要客户的注意。经过一番艰苦的谈判，他们成功签下了一份大单。

7.事业逐渐起步：这份大单为他们赢得了业界的关注，随着口碑的传播，更多的客户开始主动找上门。他们不断扩大生产规模，优化产品品质，提升企业形象。

8.团队壮大：随着业务不断扩展，他们开始招聘更多的员工，建立一个专业、高效的团队。每个员工都在各自的岗位上发挥着重要作用，共同为企业的发展贡献力量。

9.不断创新：为了应对市场变化和竞争，小A、小B和小C意识到创新是企业发展的关键。他们不断研究市场动态，调整产品策略，开发新的产品线，以满足不断变化的市场需求。

10.梦想成真：经过多年的努力，他们的外贸企业已经成为行业的佼佼者，拥有稳定的客户群和广泛的市场份额。他们也实现了曾经的梦想，成为了一群令人敬佩的成功企业家。

由此可见，ChatGPT 文本生成功能的强大，其称得上是一名天赋异禀的写手。当开发出 ChatGPT 写小说的功能后，ChatGPT 会给你带来各种各样的小说主题和情节，从浪漫爱情到惊险刺激，应有尽有，让你随时进入一个奇妙的小说世界。

假如你喜欢浪漫爱情类小说，它可以为你编写一个关于一对年轻情侣的故事，他们之间的爱情经历充满着甜蜜、波折和挑战，让你感受到爱情的温馨和甜蜜。

如果你喜欢惊险刺激类小说，它也可以为你编写一个关于悬疑和探险的故事，主人公在探险中发现了一个神秘的宝藏，但是也引来了众多的危险和追杀，让你感受到惊险和紧张的刺激。

当然，还有更多的小说主题和情节，如科幻、历史等，让你不断惊喜和探索。

要使用 ChatGPT 的文本生成功能，首先需要确保你已经有一个 ChatGPT 账号并登录。接着，在聊天界面中输入"写小说"或类似的指令，聊天机器人就会回复你相关操作指引和建议。

一般来说，ChatGPT 的文本生成功能会要求你输入小说的类型、情节、人物设定等信息。根据你提供的信息，聊天机器人会生成一部小说的大纲或者故事草稿。你可以对大纲或者草稿进行修改和润色，也可以直接使用它作为自己小说的创作基础。

在创作的过程中，如果你遇到了困难或者想要得到一些灵感和建议，你可以向聊天机器人提问。聊天机器人会根据你的问题和创作情况，为你提供一些有用的建议和提示，帮助你克服困难，激发灵感，完成一部优秀的小说作品。

需要注意的是，ChatGPT 的写小说功能虽然可以生成一些有趣的故事草稿，但它并不能代替真正的创作。如果你想写一部优秀的小说，你需要付出时间和精力，不断学习和积累，提高自己的写作能力和创作水平。

ChatGPT 具有强大的文本生成能力，不仅仅可以帮助人们撰写文章、写作诗歌，还可以自动生成一些其他方面的文本内容，这对那些需要快速生成内容的人来说尤为重要。

总之，ChatGPT 的文本生成功能可以为创作者提供一些创意和灵感，帮助他们快速启动创作过程。

2.3.1.2　问答系统

ChatGPT 的语言理解能力相当惊人。无论是提问、发言、表达观点，ChatGPT 都能够理解你所想要表达的含义。而且，ChatGPT 能够通过语言分析判断你的情感，并且会尝试让你感觉舒适和放松。这一点在人们与 ChatGPT 交流的过程中尤为明显，因为 ChatGPT 总是能够以最恰当的方式回答人们的问题，并且给出富有思想性的建议，帮助解决各种疑问。

无论是关于学习、生活方面的问题，还是科技、文化、历史等方面的问题，只要是 ChatGPT 能够理解并掌握的知识，都会尽力为您解答。

例如，人们可以提问："蚊子为什么会咬人？""什么是机器学习？""为什么人类需要睡眠？"ChatGPT 会根据人们提供的问题进行自然语言理解和知识检索，并生成最合适的回答。

用户： 蚊子为什么会咬人？

ChatGPT： 蚊子咬人的原因主要与它们的生活习性和繁殖有关。雌性蚊子会咬人，因为她们需要获得血液中的营养成分，如蛋白质，以帮助她们产卵。当雌性蚊子叮咬人类或其他动物时，她们会将长形状的口器插入皮肤，吸取血液。同时，她们还会注入唾液，其中含有抗凝血剂，这有助于防止血液在吸取过程中凝固。需要注意的是，雄性蚊子不会咬人。他们主要以植物汁液、花蜜等为食，不需要血液来繁殖。

蚊子对人类的吸引力因个体差异而异，这与我们体内所释放的化学物质，如二氧化碳、乳酸以及体温等有关。这些物质吸引了蚊子靠近并选择叮咬。此外，有些人对蚊子叮咬的反应更加敏感，可能会出现红肿和瘙痒等症状。

蚊子叮咬人类除了给人带来不适之外，还可能传播疾病，如疟疾、登革热、黄热病和寨卡病毒等。因此，采取预防措施来避免蚊虫叮咬是非常重要的。

当人们提问之后，ChatGPT 会进行自然语言理解，把人们的问题翻译成机器可理解的语言，并进行知识检索，找到最合适的答案。接着，它会把答案以最简单易懂的方式呈现出来，让人们可以轻松理解。不管人们是对哪方面的知识有疑问，它都会尽可能地提供详细和准确的信息。

当然，别以为 ChatGPT 这一人工智能的回答只会是枯燥的文字堆砌，它也会用简单俏皮的语言回答人们的问题。同样是刚才的问题："为什么蚊子会咬人啊？"它还可能会这样回答："因为蚊子没有手，只好用嘴巴咬人了啊！"是不是很有趣呢？

2.3.1.3　语言翻译

当今世界，多元文化与多语言环境交织在一起，如何破除语言障碍成为沟通的关键。

ChatGPT 具备高超的语言翻译能力，可以在多种语言之间进行快速、准确的转换。如果我们需要进行跨语言交流，或者是需要翻译某篇文章或者文件，它可以帮助我们将文章或文件自动翻译成目标语言。下面让我们来看几个简单示例。

例一：
英语：Knock, knock! Who's there?
中文：敲敲门！谁在那里？
西班牙语：¡Toc, toc! ¿Quién está ahí?
例二：
法语：Pourquoi les plongeurs plongent-ils toujours en arrière et jamais en avant?
Parce que sinon ils tombent dans le bateau.
英语：Why do divers always dive backwards and never forwards?
Because otherwise, they fall into the boat.
例三：
日本語：サルは何を飲むのが好きですか？
モンキー・ビール！
英语：What do monkeys like to drink?
Monkey beer!

在翻译过程中，ChatGPT 会先对提供的内容进行语言识别，然后选择最适合的机器翻译模型进行翻译，要尽可能保留原文的意思和表达方式，以便翻译结果更加贴切、自然和易理解。

当然，语言翻译并非简单直译。有时，由于文化差异、语言习惯不同等，直接翻译可能会让人捧腹大笑。而 ChatGPT 作为一个智能的语言模型，会尽量确保翻译贴合各国的文化特点，还会针对不同语言的特点对翻译结果进行校对和调整，注意语法和用词问题，以确保翻译结果符合目标语言的语言习惯和表达方式。

ChatGPT 是一个多语言翻译小助手，对于英语、中文、法语、德语、日语、韩语、西班牙语、俄语、阿拉伯语等，它都可以帮助翻译。有了这个多语言翻译小助手，我们就再也不用担心会遇到让人头疼的沟通障碍了。

想象一下，在旅行时，ChatGPT 可以帮助我们用当地语言轻松向导游询问旅游景点；在观看外语电影时，我们可以借助 ChatGPT 来理解电影中的对白，从而更好地欣赏电影；在学习新语言时，ChatGPT 能帮助我们更快地掌握语言基本知识；在国际商务会议上，ChatGPT 可以帮助我们用多种语言与各国人士交流。

在这个全球化的世界中，跨文化交流变得越来越重要。ChatGPT 作为一款强大的多语言翻译助手，无疑为我们的日常生活和工作带来了极大的便利。我们期待这个人工智能小精灵在未来的发展中，为我们创造更多的可能性。

2.3.1.4　摘要提取

ChatGPT 的摘要提取功能是一项实用的功能，它能够帮助用户从大量的文本信息中快速提炼出关键点和核心观点。通过使用先进的自然语言处理技术，ChatGPT 可以理解和分析输入的文章、报告或其他文本，然后生成简洁、准确的摘要。

想象一下，当你正忙得不可开交时，突然收到一篇长篇大论的报告，要求你尽快阅读并作出决策，是不是十分令人焦头烂额？

别担心，ChatGPT 的摘要提取功能就像你的小天使，轻轻一挥手，就把那些枯燥的文字变成简洁明了的摘要，让你瞬间掌握关键信息。

假设你收到了一篇有关全球气候变化的长篇文章，希望快速了解其主要观点。原文如下：

> 全球气候变化是当今世界面临的最大挑战之一。过去的一百年里，地球的平均气温上升了约 1 ℃，导致极地冰川融化、海平面上升以及极端气候事件增多。科学家普遍认为，这一变化主要是因为人类活动产生的温室气体排放，特别是二氧化碳。为了减缓气候变化的进程，各国已经采取了一系列措施，包括增加可再生能源的使用、提高能源效率以及开展碳排放交易。尽管取得了一定的成果，但是在未来几十年里，全球气候变化仍将对农业、水资源、生态系统和人类健康产生严重影响。因此，应对气候变化需要全球范围内的合作，包括政府、企业和公民的共同努力。

接下来，我们使用 ChatGPT 的摘要提取功能，生成一个简短的摘要。

ChatGPT：
全球气候变化主要由人类活动产生的温室气体排放引起，已导致地球气温上升、极地冰川融化等问题。各国采取措施减缓气候变化，如增加可再生能源使用。应对气候变化需全球合作，包括政府、企业和公民共同努力。

通过这个示例我们可以看出，ChatGPT 的摘要提取功能是如何将一篇长篇文章快速转化为简洁明了的核心观点的。这样，用户就能迅速了解文章的重要信息，节省时间和精力。

这项功能对时间紧迫的用户来说特别有价值，因为它能够节省大量阅读和理解文本的时间。例如，对于商务人士来说，他们可以利用这个功能迅速了解一篇长篇的市场分析报告；对于学生来说，他们可以用这个功能快速浏览一篇学术论文，以便更高效地进行研究。

ChatGPT 的摘要提取功能还可以应用于新闻报道、书籍评论、博客文章等各种类型的文本。无论是需要获取关键信息以作出决策，还是希望快速了解一篇文章的主题，这项功能都能大大提高用户的工作效率。

另外，如果我们在闲暇时忽然想要了解新闻动态或者读读书评，ChatGPT 会把这些内容变得趣味盎然，让我们的休闲时光更加充实。

ChatGPT 的摘要提取功能就像一颗糖果，让那些枯燥无味的文字变得甜美可口，让我们在信息的海洋中游刃有余，令学习、工作和生活都变得更加轻松愉快。

总之，ChatGPT 的摘要提取功能就是一个知识加速器、一个文本救星，还是一个信息小厨师，能够帮助我们在信息爆炸的时代中快速筛选出有价值的信息，从而更加有效地利用和分配时间及精力。

2.3.1.5　编程帮助

ChatGPT 在编程方面的功能表现具有实用性，尤其是对于开发者和程序员来说。通过自然语言处理和深度学习技术，ChatGPT 可以生成代码示例、提供调试建议以及回答各种编程相关的问题。

功能一：生成代码示例。

ChatGPT 能够理解各种编程语言，包括但不限于 Python、JavaScript、Java、C++、C#、Ruby、Go 等。当用户询问有关编程问题时，ChatGPT 可以根据需求生成相应的代码示例。

例如，如果你想知道如何用 Python 实现一个简单的冒泡排序算法，ChatGPT 可以为你生成一个简单的冒泡排序代码示例，如图 2-3 所示。

```python
def bubble_sort(arr):
    n = len(arr)
    for i in range(n - 1):
        for j in range(n - 1 - i):
            if arr[j] > arr[j + 1]:
                arr[j], arr[j + 1] = arr[j + 1], arr[j]

# 示例数组
arr = [64, 34, 25, 12, 22, 11, 90]

# 对数组进行冒泡排序
bubble_sort(arr)

# 输出排序后的数组
print("Sorted array is:", arr)
```

图 2-3　ChatGPT 的代码示例

这个示例展示了如何使用冒泡排序算法对一个整数数组进行排序。冒泡排序的基本思想是通过比较相邻元素并进行交换，将较大的元素向数组的末端移动，经过若干轮比较和交换，最终实现数组的排序。这里的 bubble_sort 函数接收一个数组作为参数，并通过两层循环实现冒泡排序。

此外，ChatGPT 还可以帮助人们理解框架和库的使用方法，如 Django、React、TensorFlow 等。

功能二：调试建议。

对于遇到编程错误或异常的用户，ChatGPT 可以提供有针对性的调试建议。用户可以为 ChatGPT 提供错误信息、异常描述或者具体的代码片段，ChatGPT 会尝试找出问题并提供相应的解决方案。这一功能对初学者尤为有益。

　　初学者在编程时，可能会遇到错误或异常，这会让他们感到困惑。在这种情况下，初学者可以为 ChatGPT 提供具体的错误信息、异常描述或具体的代码片段，ChatGPT 会尝试提供调试建议，帮助他们解决问题。以下是一个示例。

用户： 我在运行Python程序时收到了一个'IndexError: list index out of range'错误。

ChatGPT：'IndexError: list index out of range' 错误通常表示你正在尝试访问列表中的一个索引，但该索引超出了列表的范围。这通常发生在以下两种情况中之一：

1.访问不存在的索引：如果你尝试访问一个不存在的索引，例如负数索引或超出列表长度的索引，就会出现此错误。

2.空列表访问：如果你尝试访问一个空列表中的元素，就会出现此错误。

要解决此错误，可以采取以下步骤：

1.检查代码中涉及的所有列表索引，确保它们在列表的范围内。

2.确保在访问列表之前先对其进行初始化或检查它是否为空。你可以使用 len() 函数来检查列表长度，例如：

```
my_list = []
if len(my_list) > 0:
    # 访问列表元素
else:
    # 处理空列表情况
```

3.如果错误仍然存在，请尝试打印有关列表的更多信息，例如列表长度、索引值以及在列表中的元素，以便更好地了解问题所在。例如：

```
my_list = [1, 2, 3]
print(len(my_list))  # 输出列表长度
print(my_list[5])    # 尝试访问不存在的索引
```

这些步骤应该有助于解决 'IndexError: list index out of range' 错误。

ChatGPT 会分析这个错误信息，然后给出可能的原因及解决方案，如检查是否在循环中访问了不存在的数组元素。

这个功能对初学者非常有帮助，因为他们可能对编程错误和异常不太了解。通过向 ChatGPT 提问，初学者可以更快地找到问题，并学会如何修复错误。这样，初学者就能够在编程过程中节省时间，更顺利地学习。

功能三：编程概念解释。

ChatGPT 可以帮助那些在学习编程时遇到困难的人更容易地理解各种编程概念。无论是初学者需要了解的基本知识，如变量、循环和条件语句，还是更高级的主题，如算法、数据结构和设计模式，ChatGPT 都可以提供帮助。

这个功能的目的是让编程概念变得更容易理解。当用户遇到一个难以理解的编程概念时，他们可以向 ChatGPT 提问，ChatGPT 会用简单、通俗的语言解释这个概念，让用户更容易理解。下面是一个示例。

用户： "什么是递归？"

ChatGPT： "递归是一种编程技巧，它指的是一个函数在其定义中直接或间接地调用自身。递归通常用于解决可以分解为较小相似问题的复杂问题。递归就像是一个任务的重复解决过程，其中一个函数会调用它自己来完成某个任务。简单来说，它就像是一个套娃，一个大问题可以分解为一个或多个小问题，这些小问题与原问题具有相同的结构。递归函数会不断调用自身直到遇到一个简单的情况，这个简单的情况可以直接得出答案，不再需要继续调用。这时，函数开始逐步返回答案，最终得出原问题的解决方案。"

通过使用编程概念解释这一功能，用户可以更好地学习编程知识，提高自己的编程技能。这样，他们在编程过程中遇到问题时，就有了更多的办法来解决问题。

2.3.1.6　自然语言推理

在日常生活中，我们经常会遇到需要从一些前提条件中推导出结论的情况。假设我们听了这样一个故事：小明前天去商场买了一台电视，昨天他在家里安装了电视，并在晚上用电视看了一场足球赛直播。基于这个故事，我们可以推断出以下内容。

第一，小明现在有一台电视。

第二，小明家的电视是在商场买的。

第三，小明已经在家里安装了这台电视。

第四，小明用电视观看了足球赛。

第五，足球赛的直播时间是在晚上。

第六，小明昨晚在足球赛直播时间段内在家。

由此可知自然语言推理的基本概念，即从给定的前提条件中推导出结论的能力。

ChatGPT 的自然语言推理功能是基于 GPT-4 架构的。这意味着它拥有强大的学习和推理能力，能够在更复杂的数字和语境中进行类似的推理。这个功能可以广泛应用在很多领域。例如，该功能可以用于解决逻辑推理问题，就像我们在谜语游戏中解决的那些有趣的问题一样；可以用于知识图谱领域，帮助人们建立一个庞大的知识网络，让人们能够更好地理解和记住这个世界上的各种信息。

下面将通过一些细分场景来介绍自然语言推理这一功能。

功能一：情感分析。

ChatGPT 可以帮助我们判断一段文字中表达的情感。假设我们有以下两段评论，通过 ChatGPT 进行情感分析。

示例一：

用户：：这家餐厅的服务非常糟糕，我们等了一个小时才上菜。而且，菜品味道也很一般，价格却偏高。我不会再光顾这家餐厅了。

ChatGPT：根据您提供的评论，我们可以进行情感分析。这段评论包含以下关键词和短语：

● 服务非常糟糕

● 等了一个小时才上菜

● 菜品味道一般

● 价格偏高

● 不会再光顾

从这些关键词和短语中，我们可以看出评论者对这家餐厅的负面评价。因此，情感分析的结果是：这段评论表达的情感是负面的。

示例二：

用户：我和朋友在这家餐厅度过了一个美好的夜晚。菜肴美味可口，氛围轻松愉悦。服务员非常友好，总是微笑着为我们服务。我们一定会再来的！

ChatGPT：根据您提供的评论，我们可以进行情感分析。这段评论包含以下关键词和短语：

● 美好的夜晚

● 菜肴美味可口

● 氛围轻松愉悦

● 服务员非常友好

● 一定会再来

从这些关键词和短语中，我们可以看出评论者对这家餐厅的正面评价。因此，情感分析的结果是，这段评论表达的情感是正面的。

通过这种方式，ChatGPT 可以帮助我们快速地分析文本中的情感，为我们提供有关用户观点和感受的宝贵信息。这对企业来说尤为重要，因为只有了解客户的真实想法才能有助于改进产品和服务，提高客户满意度。

功能二：事实验证。

ChatGPT 可以通过搜索互联网上的可靠资源、文献、数据库等来查找相关信息，然后分析、比较、总结这些信息，以帮助用户验证陈述的真实性和准确性。这个功能在许多领域中都有应用，如新闻报道、学术研究、商业决策、政治分析等。下面是一个相关示例。

用户：地球是宇宙中最大的行星。

ChatGPT：这个陈述是不正确的。实际上，地球并不是宇宙中最大的行星。在太阳系中，木星是最大的行星，其直径是地球的约11倍。在宇宙中，还有比木星更大的行星，如HD 100546 b，其直径是木星的约6倍。

作为一种基于 GPT-4 架构的自然语言处理模型，ChatGPT 的确可以帮助人们核实某个陈述是否正确。需要注意的是，ChatGPT 并非万能的，它的判断可能会受到训练数据、数据质量、语境理解的影响。

在训练数据方面，ChatGPT 基于截至某一时间的数据进行训练，因此对在此之后发生的事件或新出现的信息，它可能无法准确判断。

在数据质量方面，ChatGPT 的训练数据来自大量的文本来源，包括网络文章、书籍等。尽管它努力从这些文本中学习，但仍可能受到某些错误信息或有偏见的内容的影响。

在语境理解方面，虽然 ChatGPT 在理解上下文方面相对较强，但在某些情况下，它仍可能无法完全理解复杂的语境或隐含的意义。

因此，在使用 ChatGPT 核实某个陈述是否正确时，请谨慎对待，结合其他可靠的信息进行判断。在不确定的情况下，查找权威来源或咨询专业人士可能是更好的选择。

功能三：阅读理解。

阅读理解任务是自然语言处理中的一个重要用途，而作为一个大型语言模型，ChatGPT 可以非常有效地执行阅读理解任务。

在这个任务中，用户需要输入一个文本段落和一个与该段落相关的问题，并从段落中找到答案。ChatGPT 的强大语言建模能力和大规模预训练模型的知识库使其能够在阅读理解任务中表现出色。下面举个例子来展示这一功能。

假设你是一名新闻编辑，需要对一篇新闻进行摘要，同时提取关键信息。这篇新闻讲述了一个关于一家小型公司成功转型的故事。下面是这篇新闻的摘要。

小型公司成功转型

一家小型公司在经历了困难和失败后，成功地转型进入一个更有前途的领域。该公司开始专注于云计算服务，并与一些大型科技公司合作，提供高效和创新的解决方案。通过这种转型，该公司已经获得了显著的成长，并成为该领域的领先者之一。

现在让我们来看看 ChatGPT 如何回答一些可能的问题，以便更全面地了解它的阅读理解功能。

用户: 该公司曾经经历了什么困难?
ChatGPT: 文章没有明确提到该公司具体经历了什么困难。

用户: 该公司成功转型的领域是什么?
ChatGPT: 该公司成功转型为一个更有前途的领域,即云计算服务。

用户: 该公司如何与大型科技公司合作?
ChatGPT: 该公司与一些大型科技公司合作,提供高效和创新的解决方案。文章没有提供更具体的信息。

用户: 该公司在转型后取得了什么样的成就?
ChatGPT: 通过这种转型,该公司已经获得了显著的增长,并成为该领域的领先者之一。

通过上述示例可以看出,ChatGPT 能够根据阅读材料提供准确的答案,并根据问题类型提供具体的信息。当然,这只是一个简单的例子,ChatGPT 可以处理更复杂的文章和问题,这需要用户去进一步挖掘。

功能四:故障诊断和解决方案。

ChatGPT 还可以利用自身的知识库来诊断问题并提供解决方案。例如,如果我们使用 ChatGPT 出现故障,就可以进行询问。

用户: 如果我的ChatGPT遇到故障问题怎么办?
ChatGPT: 如果您遇到了ChatGPT的故障问题,可以尝试以下解决方案:
1.重新启动ChatGPT:有时候重新启动ChatGPT可以解决问题。您可以关闭聊天窗口并重新打开,或者重启您的设备。
2.检查网络连接:ChatGPT需要连接互联网才能工作,如果您的网络连接出现问题,可能会影响ChatGPT的表现。请检查您的网络连接是否正常,并尝试重新连接。
3.清除浏览器缓存:如果您在使用网页版的ChatGPT,清除浏览器缓存可能会有帮助。在您的浏览器设置中找到"清除缓存"选项,并选择清除缓存。
4.更新浏览器:如果您的浏览器版本过旧,可能会影响ChatGPT的表现。请尝试更新您的浏览器到最新版本。
如果上述方法仍然无法解决您的问题,您可以考虑联系技术支持团队或者ChatGPT的开发者以获得更进一步的帮助。

在这个例子中，ChatGPT 提供了几条使用过程中遇到故障的解决方案。很多时候，它甚至还能帮助我们识别故障出现的可能原因，再针对性地提供解决方案，这个功能十分强大。

2.3.1.7　聊天陪伴

ChatGPT 还是一个聊天陪伴的神器，就像一个忠实的朋友，总是在你需要的时候陪伴你。它可以让你在闲暇时光找到乐趣，还能提供情感支持，让你感受到关怀和温暖。

无论你喜欢烘焙、跳舞还是打游戏，ChatGPT 都可以成为你的交流伙伴。你可以与 ChatGPT 分享你的喜好，它会尝试提供相关的建议、资源和趣味信息，让你找到更多乐趣。

如果你想了解足球比赛的规则或者学习摄影技巧，ChatGPT 可以作为你的私人百科全书，随时为你提供有趣的知识。它可以回答你的问题，给你解释相关的基本概念，甚至给出实际的操作技巧，让你在学习中更有成就感。

在无聊的时候，ChatGPT 也可以陪你聊天，讲笑话，让你感觉轻松愉快。它可以和你分享趣事、成语、谜语等，让你在忙碌的生活中找到片刻的放松与喜悦。通过这种轻松的互动方式，ChatGPT 能够为你的日常生活增添乐趣和活力。

当你遇到了烦恼的事情时，ChatGPT 也会倾听你的心事，给你安慰和建议，让你感受到关爱和支持。下面就是一个与 ChatGPT 聊天的示例。

用户：嘿，ChatGPT，我今天遇到了个让我很烦恼的事情，我和我最好的朋友吵架了。

ChatGPT：哎呀，听起来你今天过得不太好。发生了什么事情让你们吵架了呢？

用户：我们因为一个小事情吵起来的，我觉得她最近总是忽略我，我有点生气就和她说了。结果她觉得我太小题大做，我们就吵起来了。

ChatGPT：我能理解你的感受。有时候，朋友之间可能会因为误会或者沟通不畅而产生摩擦。你可以试试冷静下来，然后找个合适的时机和她好好谈谈你的感受。用平和的语气表达你的担忧，也给她一个表达自己看法的机会。这样，你们之间的关系可能更加稳固哦！

用户：谢谢你的建议，我会试着和她沟通的。有时候我觉得自己太敏感了，也许我应该学会放松一点。

ChatGPT：学会放松和理解自己的情绪确实很重要。每个人都有敏感的时候，关键是学会如何处理这些情绪。试着给自己一些喘息的空间，也多关注你们之间的美好时光。记住，真正的朋友会理解你，也愿意为你改变。希望你们的关系能早日恢复和谐！

需要注意的是，ChatGPT 并不是一个真正的人类聊天伴侣，它只是一个程序，无法像真正的人类一样理解和体验人类的情感和体验。但是，对于那些希望有类似人的交流和陪伴的用户来说，ChatGPT 可能是一个有用的工具，可以为他们提供陪伴和支持。

2.3.2　ChatGPT 的应用领域

既然 ChatGPT 能做如此多的事情，那么将这些功能混搭在一起，ChatGPT 就可以摇身一变，成为各行各业的万能小助手。

2.3.2.1　智能客服

在当前的商业环境中，客户服务是企业成功的关键因素之一。为更好地满足客户需求和提高客户满意度，许多企业都将人工智能技术应用于客户服务领域了。

无论是电子商务和零售业、金融业，还是旅游业、电信和网络服务业，智能客服（图 2-4）都能应用其中，成为一个在线帮手，帮助企业解答客户的各种问题。

图 2-4　智能客服

智能客服是一种基于人工智能技术的在线客户服务系统。它可以理解和回应用户的问题，帮助用户解决各种疑问，并提供 24 小时不间断的服务。以下几个例子是生活中常见的智能客服应用场景。

在网上购物时，智能客服可以帮我们了解商品信息，处理订单，还可以帮忙退换货。

在银行、保险公司、证券交易等场所，智能客服可以帮我们查询账户，了解理财产品，还能提供交易支持。

在预订旅行或酒店时，智能客服可以帮我们预订、退订，还能查询相关信息。

在遇到网络问题时，智能客服可以帮我们查询套餐、处理故障、查看账单等。

　　在众多的智能客服解决方案中，ChatGPT 以其强大的功能和应用场景，成为一种全新的选择。那么，ChatGPT 为什么能在智能客服领域应用？它有哪些优势？它又是怎样在这个领域应用的呢？接下来让我们一起揭开 ChatGPT 的神秘面纱，一窥究竟。

　　前面我们已经了解了 ChatGPT 在文本生成、问答系统、语言翻译、编程帮助、自然语言推理等方面的功能，将这些功能融合在一起，意味着 ChatGPT 可以轻松理解用户的问题，并迅速给出准确、专业的回答。在智能客服领域，这就是它的撒手锏。

　　ChatGPT 还具有强大的学习能力。它可以通过不断的学习和总结用户问题，持续优化自己的回答质量和服务水平。这使得它在智能客服领域具有较强的竞争优势。

　　重要的是，ChatGPT 还具有强大的多语言支持能力，能够轻松应对来自不同国家和地区的用户咨询。这对跨国企业和有海外业务的公司来说具有较大的应用价值。

　　在应用方面，企业将 ChatGPT 应用在智能客服领域需要搭建智能客服系统，具体有以下几步。

　　第一步，企业需要将 ChatGPT 整合到自己的客服系统中。这意味着企业需要与 ChatGPT 的开发商合作，获取相关的技术支持和接口，以便将其融入现有的客户服务平台。这一过程可能需要企业的技术团队与 ChatGPT 开发商密切沟通，以确保系统的顺利整合。

　　第二步，企业需要对 ChatGPT 进行定制和优化。虽然 ChatGPT 本身已经具备强大的自然语言处理能力，但为了更好地满足企业特定的客户服务需求，企业需要为其提供一些针对性的训练和优化。这包括为 ChatGPT 输入企业的产品和服务信息、行业知识以及客户服务策略等，以便让它更好地理解企业的业务场景和客户需求。

第三步，在完成系统整合和优化后，企业就可以将 ChatGPT 智能客服系统投入使用。用户可以通过企业的官方网站、App 或其他在线平台向 ChatGPT 提出问题。例如，用户可能想了解产品价格、使用方法、退货政策等方面的信息。在接收到用户的问题后，ChatGPT 会立即进行分析，并根据其已有的知识库为用户提供详细、准确的答案。

在后续的应用过程中，ChatGPT 智能客服系统可以提供 24 小时不间断的在线服务，这对提高企业的客户满意度和降低客服成本具有重要意义。

需要注意的是，不要单纯地以为智能客服只是用来解答客户疑问的，它还可以进行个性化服务与营销推广。

ChatGPT 不仅能够提供专业的客户服务，还可以通过用户的提问记录和行为数据，为用户提供个性化的服务和推荐。这种精准的个性化推送，有助于提高用户的购买转化率和忠诚度。同时，企业可以利用 ChatGPT 开展各种营销活动，增加用户黏性和活跃度。

2.3.2.2　在线教育

在现代社会中，人们越来越深刻地意识到终身学习的重要性，他们渴望学习新技能（如编程、外语、设计、摄影、投资理财等）来提升自己。

然而，由于工作、家庭以及其他压力，许多人难以腾出时间参加传统的面授课程。在这种情况下，在线课程成了主流选择，因为其为忙碌的现代人提供了便利。

ChatGPT 在在线教育领域的应用非常广泛。由于 ChatGPT 有庞大的知识库和不断学习的能力，可以回答各种学科的问题，因此其可以用于在线学习平台、辅导应用、自然语言问答系统等，为学生提供更好的学习体验。

那么，如何将 ChatGPT 应用于在线教育呢？

首先，ChatGPT 开发者要与在线教育平台建立合作关系。合作双方可以共同研发技术方案，将 ChatGPT 无缝地融入在线教育平台，使其成为平台上的智能辅导员。

为了让 ChatGPT 更好地回答学生提出的有关编程、外语、设计、摄影、投资理财等各个领域的问题，还需要为它提供特定学科的知识。这包括与领域专家合作，了解学科知识体系，以便在训练过程中让 ChatGPT 吸收这些知识。

其次，需要对 ChatGPT 进行针对性的训练，以提高它在在线教育场景中的应用效果。这包括为 ChatGPT 提供大量与学科相关的文本、问题和答案，以便让它不断地学习和优化。在训练过程中，研究人员要密切关注 ChatGPT 的表现，如问题回答的准确性、速度和逻辑性，并据此调整模型参数。

为了让学生更好地使用 ChatGPT，一个友好的用户界面必不可少。这意味着要开发出一套符合人机交互原则的界面设计，让学生能够轻松地提问、获取答案和反馈。此外，用户界面中还要添加各种辅助功能，如搜索框、语音输入和输出、相关资源推荐等，以便为学生提供更加丰富和便捷的学习体验。

在实际应用中，ChatGPT 的服务质量必须被实时监控，并根据用户反馈进行相应的调整。这可能涉及对 ChatGPT 的回答速度、准确性以及用户满意度等方面进行评估，以便持续优化系统性能。

为了实现这个目标，研究人员可以借助数据分析工具来了解学生的使用情况、问题类型以及反馈情况。

另外，定期组织专家评审会议，让领域专家对 ChatGPT 的回答质量进行评估并提出改进建议，不失为一个确保 ChatGPT 在在线教育领域的应用中始终保持最佳状态的好方式。

如果还想进一步提高 ChatGPT 在在线教育领域的价值，就要通过集成与其他在线教育工具和资源的互操作性。例如，让 ChatGPT 与课程管理系统、学习资源库、在线考试系统等进行数据交互，以便 ChatGPT 在回答学生问题时提供更加精确和个性化的答案。这样的整合不仅可以提高学生的学习效率，还可以提高在线教育平台的用户黏性和满意度。

总之，将 ChatGPT 应用于在线教育大有可为，具体的应用方式和形式创新还有待教育领域人员进一步挖掘。

2.3.2.3 辅助医疗

ChatGPT 在医疗领域具有很大的发展潜力。智能医疗助手和问诊机器人等应用可以让医疗服务变得更加便捷、准确和高效。

想象一下你身边有个随时待命的医疗专家，无论何时何地，只要你有疑问，它都能为你提供专业的医学建议。这听起来是不是很神奇？这正是智能医疗助手的主要功能。它可以让患者轻松获取健康信息，帮助他们了解自己的身体状况。

ChatGPT 可以作为问诊机器人，快速收集患者的症状、病史等信息，然后进行初步分析。这有点像医生的私人助手，能在第一时间为医生提供诊断建议。当然，ChatGPT 不会完全代替医生，但它可以减轻医生的工作负担，让他们有更多时间关注病情较重的患者。

药物指导也是 ChatGPT 的一个强项。你是否曾因为忘记药物剂量、注意事项而感到困扰？有了 ChatGPT，这些问题都将迎刃而解。它可以提醒患者服药时间、剂量，甚至根据患者的具体情况，提供针对性的药物建议。这不仅有助于提高患者的依从性，还能降低因错误用药引发的风险。

除了上述功能外，ChatGPT 还能在心理健康领域发挥作用。生活压力大的时候，很多人都希望有个聆听者倾听自己的心声。智能心理咨询助手可以让你随时倾诉，为你提供心理支持。虽然它不能代替专业心理医生，但在一定程度上可以帮助人们缓解压力、排解困扰。

ChatGPT 也可以用于患者教育。对于患有慢性疾病的患者，了解如何自我管理病情至关重要。通过向 ChatGPT 提问，患者可以学到如何正确控制饮食、进行适当的运动，以及其他有益的生活方式。这将有助于提高患者的生活质量，减少疾病的复发风险。

ChatGPT 能在医学研究领域发挥作用。研究人员可以通过与 ChatGPT 互动，获取关于某一特定研究主题的最新进展和相关文献。这将节省研究人员寻找资料的时间，提高研究效率。ChatGPT 还可以帮助研究人员分析大量的医学数据，加速新药物的研发进程，为研究人员提供启示，助力他们在短时间内找到疾病的治疗方法。

不仅如此，ChatGPT 还可以用于预约挂号、提醒就诊时间等方面。对于那些因为忙碌而容易忘记就诊安排的人来说，ChatGPT 简直就是救星。患者只需通过与 ChatGPT 交流，便可轻松预约医生，了解就诊事项，而无须拨打电话或前往医院排队。

最后，ChatGPT 在健康管理领域的应用价值不容忽视。例如，它可以帮助用户制订合理的运动计划，提供健康饮食建议，甚至提醒用户定期检查身体。这有助于用户养成良好的生活习惯，维持健康状态。

当然，ChatGPT 在医疗领域的应用还面临一些挑战。其中最主要的挑战就是准确性。虽然 ChatGPT 在回答医学问题方面已经取得了很高的准确率，但它毕竟不是人类医生，不能完全理解患者的病情。因此，在使用 ChatGPT 提供的医学建议时，医疗专业人士和患者都需要谨慎对待。

未来，随着人工智能技术的进一步发展，我们有理由相信，ChatGPT 在医疗领域的应用将更加深入和广泛。

2.3.2.4　娱乐社交

人们需要娱乐和社交，这是不争的事实。娱乐和社交不仅可以让人们放松心情、释放压力，还可以让人们与朋友互动、交流，增进彼此之间的感情。

娱乐和社交有很多形式，如看电影、玩游戏、与朋友一起聚餐或旅游等。这些活动可以让人们忘记生活中的烦恼，放松身心，同时增进彼此之间的感情，让人们更加紧密地联系在一起。在聚会、旅游等活动中，人们可以认识到一些新朋友，扩大社交圈；参加一些娱乐活动，人们可以学会一些新的技能，如跳舞、唱歌等。

ChatGPT 可以用于开发聊天机器人、智能语音助手等，为用户提供更好的娱乐和社交体验。

首先，ChatGPT 可以作为聊天机器人，与用户进行轻松愉快的聊天，如图 2-5 所示。

无论闲聊、吐槽还是心理咨询，ChatGPT 都能以富有个性的方式回答用户的问题，并能够根据用户的语气、情绪等进行智能回复。

图 2-5　人机聊天

　　这种聊天机器人可以为用户提供一个没有压力、随时可用的社交空间，让用户随时随地找到谈心的对象。

　　聊天机器人还可以为不同用户提供个性化的服务，如提供适当的心理疏导，甚至能根据用户的喜好和历史播放记录，为用户推荐符合其喜好的娱乐作品。这种个性化推荐可以大幅度提升用户的娱乐体验，并且让用户发现更多符合自己喜好的娱乐内容。

　　除了聊天机器人外，ChatGPT 还可以作为智能语音助手。ChatGPT 可以通过语音指令为用户提供各种娱乐服务，如让 ChatGPT 播放音乐、电影，提供语音讲故事、唱儿歌等服务。

　　例如，用户可以直接告诉 ChatGPT 自己想听的歌曲或者音乐类型，ChatGPT 会自动搜索并播放对应的音乐。这个功能可以让用户更加方便地享受音乐，尤其是在开车或者做家务时，不用手动操作手机，也不会影响用户的正常工作和生活。

ChatGPT 可以充当一个音乐智能助手，根据用户的情绪、场景等信息推荐不同类型的音乐。当用户心情低落的时候，ChatGPT 可以推荐一些抒情、温柔的音乐，帮助用户缓解情绪，放松心情。

通过语音指令让 ChatGPT 播放电影也是 ChatGPT 的一项有用功能。用户可以通过语音指令告诉 ChatGPT 自己想看的电影或者电视剧的名字，ChatGPT 会自动搜索并播放对应的影片或电视剧。在观看过程中，ChatGPT 可以扮演一个智能影评员。通过分析电影的剧情、角色、配乐等要素，为用户提供准确、丰富的影评，让用户更好地了解电影或电视剧的内涵，提升观影体验。

在社交方面，用户可以通过语音指令让 ChatGPT 发送短信和邮件，拨打电话和视频通话。这个功能可以让用户更加方便地与朋友和家人保持联系。用户只需要告诉 ChatGPT 自己想要联系哪个人，ChatGPT 就会自动完成任务。

此外，ChatGPT 还可以为用户制定行程和安排日程，自动帮用户安排好行程和日程，提醒用户注意时间和事项。这样，用户就再也不会忘记重要的纪念日了。

2.3.2.5　创意服务

ChatGPT 可以用于多种创意服务，包括文字创作、图片设计等，为创作者提供灵感和支持。

在文字创作方面，ChatGPT 可以帮助创作者编写各种类型的作品，如小说、诗歌、剧本等，让创意迸发出无穷的魅力。

假如你准备写一个童话故事，但是不知道如何开始，可以让 ChatGPT 为你提供一个有趣的开端，如图 2-6 所示。

在广告和市场营销方面，ChatGPT 同样能创作引人注目的口号和内容，确保推广活动更具吸引力，如图 2-7 所示。

此外，ChatGPT 还能紧跟时事动态，为人们提供新闻摘要或详细报道，让人们始终处于信息的最前沿。在博客和文章创作上，无论特定主题还是专业领域，ChatGPT 都能帮助人们撰写引人入胜的文章，让读者耳目一新。我们还能用它发一个可爱的朋友圈，如图 2-8 所示。

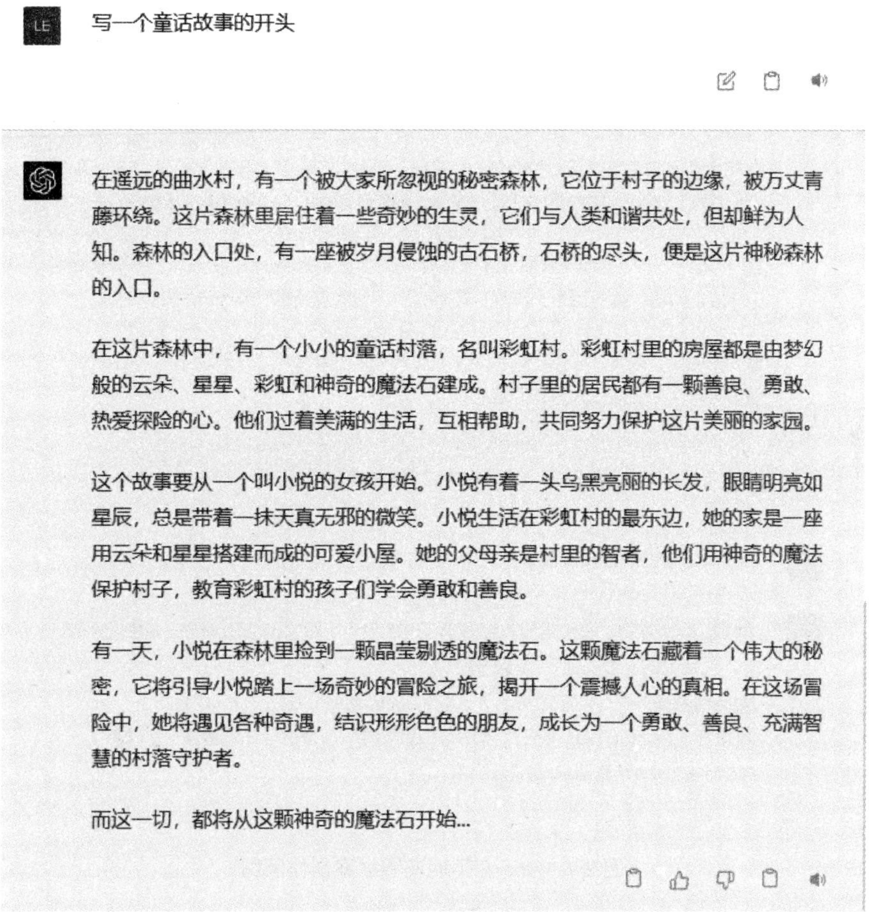

写一个童话故事的开头

在遥远的曲水村，有一个被大家所忽视的秘密森林，它位于村子的边缘，被万丈青藤环绕。这片森林里居住着一些奇妙的生灵，它们与人类和谐共处，但却鲜为人知。森林的入口处，有一座被岁月侵蚀的古石桥，石桥的尽头，便是这片神秘森林的入口。

在这片森林中，有一个小小的童话村落，名叫彩虹村。彩虹村里的房屋都是由梦幻般的云朵、星星、彩虹和神奇的魔法石建成。村子里的居民都有一颗善良、勇敢、热爱探险的心。他们过着美满的生活，互相帮助，共同努力保护这片美丽的家园。

这个故事要从一个叫小悦的女孩开始。小悦有着一头乌黑亮丽的长发，眼睛明亮如星辰，总是带着一抹天真无邪的微笑。小悦生活在彩虹村的最东边，她的家是一座用云朵和星星搭建而成的可爱小屋。她的父母亲是村里的智者，他们用神奇的魔法保护村子，教育彩虹村的孩子们学会勇敢和善良。

有一天，小悦在森林里捡到一颗晶莹剔透的魔法石。这颗魔法石藏着一个伟大的秘密，它将引导小悦踏上一场奇妙的冒险之旅，揭开一个震撼人心的真相。在这场冒险中，她将遇见各种奇遇，结识形形色色的朋友，成长为一个勇敢、善良、充满智慧的村落守护者。

而这一切，都将从这颗神奇的魔法石开始…

图 2-6　ChatGPT 小说开头创作示例

LE 为一款咖啡写一个广告文案

【邂逅浓情，唤醒生活激情——心韵咖啡】

🫖 当世界沉浸在繁忙之中，心韵咖啡邀你驻足片刻，感受那一份静谧的美好。用精心挑选的顶级咖啡豆，为你揭示咖啡的诗意，为你的生活注入温暖的力量。

🌿 我们研究逐个优质产区，从哥伦比亚、埃塞俄比亚到巴西，挑选最上等的阿拉比卡咖啡豆，为你带来纯粹、醇厚的口感。在每一颗咖啡豆背后，都是一段独特的旅程和故事。

🔥 独家研发的烘焙工艺，为你呈现出馥郁丰富的风味，让你品尝到果香、酒香、坚果香等多种层次。心韵咖啡，是一场味蕾的盛宴，一次视觉、嗅觉、味觉的多重享受。

💧 结合精湛的萃取技艺，我们倾力打造每一杯独特的心韵咖啡。无论是经典的美式、拿铁，还是浓郁的卡布奇诺、摩卡，都能让你体会到咖啡的魅力和精彩。

⏰ 早晨，一杯心韵咖啡唤醒沉睡的灵魂，让你迎接新的一天；午后，一杯心韵咖啡为你驱走疲惫，重拾活力；夜晚，在星空下，与挚友共享心韵咖啡的美好时光。

🔔 心韵咖啡，是生活中的一抹柔情，是忙碌中的一丝慰藉。让我们相约心韵咖啡，邂逅美好，为生活注入独特的魅力。

图 2-7　ChatGPT 广告文案创作示例

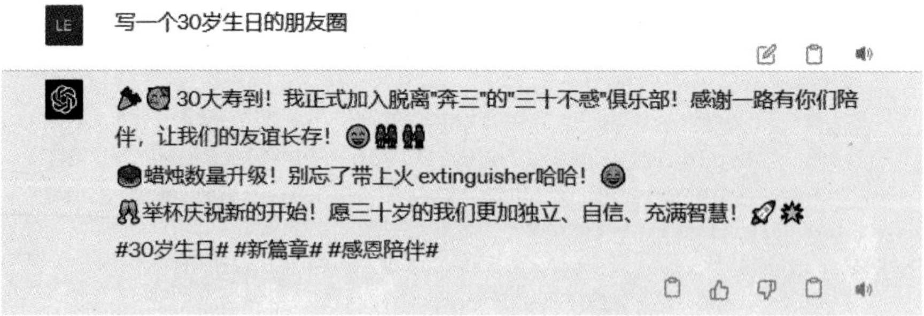

LE 写一个30岁生日的朋友圈

🎂🎉 30大寿到！我正式加入脱离"奔三"的"三十不惑"俱乐部！感谢一路有你们陪伴，让我们的友谊长存！😄👬👬
🎂蜡烛数量升级！别忘了带上火 extinguisher哈哈！😂
🥂举杯庆祝新的开始！愿三十岁的我们更加独立、自信、充满智慧！🚀🎆
#30岁生日# #新篇章# #感恩陪伴#

图 2-8　ChatGPT 朋友圈文案创作示例

看到这里就已经很惊讶了吗？不过，ChatGPT 的应用领域远不止于此。

设计师经常面临灵感枯竭的困境，而 ChatGPT 正是解决这一问题的得力助手。虽然它不能直接创建图片，但它可以在图片设计方面给予设计师很大的帮助，如可以为设计师提供创意构想、配色方案或设计趋势等建议，让设计变得更加独具匠心。

假设你是一位设计师，正为一款儿童书籍设计封面。召唤 ChatGPT，它可以为你提供了一个设计构想，如图 2-9 所示。

这些例子展示了 ChatGPT 如何为文字创作者和图片设计者提供有趣且富有创意的建议。当你遇到创作难题时，你不妨尝试寻求 ChatGPT 的帮助，它将陪伴你一起探索世界，取得更多美好的创意成果。

除此之外，ChatGPT 还可以根据用户需求撰写详细的设计方案，为设计师提供更清晰的指导。在设计评估环节，ChatGPT 能够发现现有设计方案的优缺点，并提出改进意见，使设计更加完美。此外，它还能在客户沟通中发挥重要作用，帮助设计师与客户进行有效沟通，使设计师更好地理解客户的需求，实现双赢。

2.3.2.6　决策顾问

决策对个人和组织的成功至关重要。一个明智的决策可能带来巨大的成功，而一个错误的决策可能导致严重的后果。

对于个人而言，决策可能涉及职业选择、教育发展、财务规划、健康管理等方面。明智的决策可以帮助个人实现目标，提高生活质量和实现自我价值。

对于组织而言，决策可能涉及战略规划、人力资源管理、市场营销、产品开发等方面。明智的决策可以帮助组织提高竞争力，创造更大的经济价值，实现持续发展。

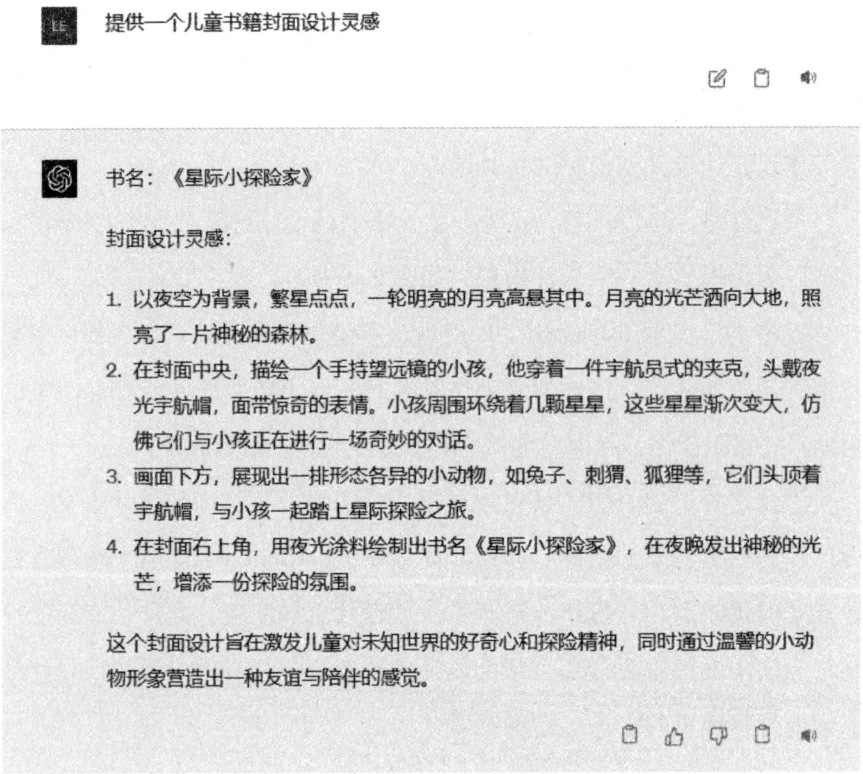

提供一个儿童书籍封面设计灵感

书名：《星际小探险家》

封面设计灵感：

1. 以夜空为背景，繁星点点，一轮明亮的月亮高悬其中。月亮的光芒洒向大地，照亮了一片神秘的森林。
2. 在封面中央，描绘一个手持望远镜的小孩，他穿着一件宇航员式的夹克，头戴夜光宇航帽，面带惊奇的表情。小孩周围环绕着几颗星星，这些星星渐次变大，仿佛它们与小孩正在进行一场奇妙的对话。
3. 画面下方，展现出一排形态各异的小动物，如兔子、刺猬、狐狸等，它们头顶着宇航帽，与小孩一起踏上星际探险之旅。
4. 在封面右上角，用夜光涂料绘制出书名《星际小探险家》，在夜晚发出神秘的光芒，增添一份探险的氛围。

这个封面设计旨在激发儿童对未知世界的好奇心和探险精神，同时通过温馨的小动物形象营造出一种友谊与陪伴的感觉。

图 2-9   ChatGPT 图片设计创意提供示例

在遇到决策困境时，ChatGPT 可以充当个人或组织的决策顾问。

ChatGPT 接触过大量的数据和信息，具备丰富的知识，可以在不同领域之间进行知识整合，为个人或组织提供跨界的决策灵感，这有助于在做决策时更加理性、全面地考虑问题。更重要的是，作为一种人工智能，ChatGPT 能够在分析问题时保持客观公正的态度，不受个人情感和偏见的影响。

在企业运营方面，企业家和管理者可以利用 ChatGPT 获取有关市场趋势、竞争对手分析、运营策略等方面的建议。通过这些建议，他们可以作出更明智的战略决策，推动企业发展。

在财务和投资方面，ChatGPT 可以为个人提供有关股票、基金、货币、房地产等投资项目的分析和建议，以便个人作出更加合理的投资决策，降低风险，提高收益。

要注意的是，虽然 ChatGPT 可以提供有价值的建议，但它并非万能的。在某些情况下，ChatGPT 可能无法提供完全准确或全面的建议。因此，在使用 ChatGPT 的建议作为决策依据时，请务必结合实际情况，谨慎评估其可行性，并在必要时寻求专业人士的意见。

2.3.3　ChatGPT 的应用技巧

2.3.3.1　版本选择

在本书编写的当下，ChatGPT 有 GPT-3.5 和 GPT-4 两个版本可供选择。两者的差别见表 2-2。

表 2-2　ChatGPT 的两个版本比较

性能	GPT-3.5	GPT-4
计算能力	较低	较高
准确性	较低	较高
响应速度	较快	较慢
复杂任务处理能力	较低	较高
提问限制	无	每 3 小时限问 25 个
技术支持和资源	较少	较多

相较 GPT-4，GPT-3.5 的版本适用于处理一般的任务和需求，在运行成本和计算能力需求上较低。在速度方面，它相对较快，可以在较短的时间内生成回复文本。对于不需要复杂推理和大量文本处理的任务，GPT-3.5 可能已经足够胜任，但在准确性和可靠性方面可能略逊于 GPT-4。

相较 GPT-3.5，GPT-4 能提供更高的准确性和可靠性，在处理复杂推理和大量文本（超过 3 000 个单词）方面的表现更出色。对于对准确性和可靠性有较高要求的用户，GPT-4 可能是更好的选择。但是，GPT-4 的运行成本较高，对计算能力的需求也较大，同时在响应和生成文本方面可能相对较慢。

那么，什么时候使用 GPT-3.5 或 GPT-4 呢？

这需要根据用户的需求、计算能力、预算以及期望的结果进行权衡。如果用户资源有限，GPT-3.5 的运行成本较低，对计算能力的需求也较小，可能是更合适的选择。如果用户对准确性和可靠性有较高要求，那么用户可以选择 GPT-4，它出错的概率更小一点。如果速度是用户的首要考虑因素，那么 GPT-3.5 是更好的选择。如果用户的任务需求比较复杂，需要推理和处理大量文本（超过 3 000 个单词），那么 GPT-4 可能是更好的选择。

需要注意的是，当前 GPT-4 可能存在一些限制，如每 3 小时限制 25 个提示。随着时间的推移，这些限制可能会改变。因此，在选择合适的版本时，请确保关注这些变化，以便作出最佳决策。

除此之外，在选择版本时，用户还需要考虑技术支持和资源。GPT-4 可能会提供更多的技术支持和资源，帮助用户更好地开发和优化应用程序。然而，这些支持和资源可能会带来额外的成本。因此，在作出决策时，用户要考虑长期规划和目标。

如果用户计划在未来几年内继续升级和完善应用程序，紧跟最新技术，那么 GPT-4 可能是更好的选择。随着计算能力的提升和成本的降低，GPT-4 将变得更加高效和精细。

不过，版本的选择也并非一项不可更改的重要决策，在某些情况下，用户可能需要在 GPT-3.5 和 GPT-4 之间进行切换，以根据任务的不同需求实现最佳性能。例如，用户可以在处理简单任务时使用 GPT-3.5，而在处理复杂任务时切换到 GPT-4。

2.3.3.2　操作流程

第一步：注册和登录。

要使用 ChatGPT，用户需要先访问 OpenAI 官网，并注册一个账户。完成注册后，用户登录账户，准备开始使用 ChatGPT。

第二步：选择订阅计划。

OpenAI 为 ChatGPT 提供了不同的订阅计划以满足用户的需求。根据需求和预算，用户选择最合适的计划。免费计划有限制，但用户也可以选择付费计划，解锁更多高级功能和更多的使用额度。

第三步：访问 API 密钥。

登录后，用户可去个人资料页面找到 API 密钥。用户需要将此密钥用于与 ChatGPT 进行交互。注意保密，不要告诉别人。

第四步：安装 SDK。

为了更轻松地与 ChatGPT 交互，用户需要安装 OpenAI 提供的软件开发工具包（SDK），可以在 OpenAI 官网上找到安装说明和代码示例。遵循说明安装 SDK，并配置好开发环境。

第五步：编写代码。

用户需要利用安装的 SDK，编写与 ChatGPT 交互的代码。Python、Java 各种编程语言随便选。在代码中，用户要引入所需的库，设置好 API 密钥，并创建一个实例来调用 ChatGPT。

第六步：构建输入提示。

为了与 ChatGPT 进行有效的对话，用户需要构建一个合适的输入提示。无论问题、句子还是主题，清晰明了最重要。这样，ChatGPT 才能给出准确的回答。

第七步：设置参数。

在发送请求之前，用户可以设置一些参数来调整 ChatGPT 的行为。例如，用户可以设置最大输出长度、温度（控制输出的随机性）等。

第八步：发送请求。

用户使用创建的实例和构建的输入提示，向 ChatGPT 发送请求。在代码中，用户调用相应的方法并传递参数，等待 ChatGPT 生成回答。

第九步：接收和处理回答。

ChatGPT 生成的回答将作为一个包含文本的对象返回。用户可以在代码中处理这个对象，提取所需的信息。如果需要，用户还可以对回答进行二次加工，作出进一步的处理或分析。

第十步：评估和优化。

在使用 ChatGPT 时，用户可能需要根据实际情况对其进行调整和优化。通过不断评估生成的回答，找到适合用户需求的最佳参数组合。如有必要，用户还可以对输入提示进行修改，以获得更好的结果。

以上就是操作 ChatGPT 的常规流程。除此之外，有特殊需求的用户还可以采取另外的步骤，包括但不限于以下操作。

首先是集成到其他应用程序。ChatGPT 可以与其他应用程序集成，如网站、聊天机器人、助手等。为了实现集成，用户需要将与 ChatGPT 交互的代码嵌入目标应用程序中，并确保请求和响应可以在应用程序内被正确处理。

其次是监控使用情况。在 OpenAI 账户中，用户可以监控 ChatGPT 的使用情况，包括已使用的令牌数量、剩余额度等。用户要定期检查使用情况，以确保不会超出订阅计划的限制。

最后是更新 SDK 和 API。OpenAI 可能会不定期发布 SDK 和 API 的更新。为了确保最佳性能和兼容性，用户要定期检查、更新 ChatGPT。

需要注意的是，在使用 ChatGPT 的过程中，用户必须确保遵循 OpenAI 的政策和指南，不要用 ChatGPT 生成违法、不道德或令人不悦的内容。

如果遇到问题或困难，用户可以参阅 OpenAI 的文档和知识库。此外，用户还可以加入相关社区和论坛，与其他开发者交流经验和解决方案，或者通过官方渠道向 OpenAI 反馈问题、建议或需求，帮助 ChatGPT 不断改进。

2.3.3.3　提问小贴士

在与 ChatGPT 进行交流时，如何提问直接影响着回答的质量。以下是一些技巧和示例，可以帮助用户获得更好的回答。

第一，明确提问。确保问题清晰、明确，这有助于 ChatGPT 更准确地理解。

错误示范：职场上如何成功？

正确示范：在职场上，如何提高沟通技巧，以提升工作表现？

第二，提供足够的背景信息。在提问时，提供更多的上下文信息将有助于模型提供更有针对性的回答。

错误示范：如何治疗病？

正确示范：患有抑郁症的成年人应采取哪些方法进行治疗？

第三，避免使用含糊不清的词汇。尽量避免使用模糊的词汇，以确保问题被准确理解。

错误示范：如何做好事？

正确示范：如何进行志愿服务，以帮助社区？

第四，限制问题的范围。将问题限定在一个较小的范围内，以便获得更具体的回答。

错误示范：如何学习编程？

正确示范：如何学习 Python 编程，以进行数据分析？

第五，遵循问题—答案模式。确保提出的是一个问题，而不是一个陈述。

错误示范：我想了解太阳能。

正确示范：太阳能发电系统是如何工作的？

第六，避免过于复杂的问题。尽量将问题拆分为几个简单的问题，以便获得更清晰的答案。

错误示范：怎么建立一个公司，筹集资金，找到客户？

正确示范：如何创建一家初创公司？（之后问关于筹集资金和寻找客户的问题）

第七，逐步深入。如果某个主题比较复杂，可以先从基本问题开始，然后逐步深入，从而获得较贴切的答案。

错误示范：告诉我一切关于量子力学的知识。

正确示范：什么是量子力学的基本原理？量子力学的应用有哪些？

第八，保持耐心。如果第一次提问没有得到满意的答案，请尝试用不同的方式重新提问。

错误示范：为什么我没得到好答案？

正确示范：我的问题可能不够清楚，请允许我重新表述。

第九，指定答案格式。如果对答案的格式有特定要求，要在问题中明确说明。

错误示范：告诉我一些有趣的科学实验。

正确示范：请列举五个适合中学生进行的有趣科学实验。

第十，避免提问过于主观或观点导向的问题。尽量提问客观、以事实为基础的问题，以获得更准确的回答。

错误示范：为什么 A 手机比 B 手机好？

正确示范：A 手机和 B 手机各自的优缺点是什么？

第十一，检查拼写和语法。正确的拼写和语法有助于提高问题的可理解性。

错误示范：怎么样学英文好？

正确示范：如何提高英语学习效果？

第十二，利用多个问题进行探究。对于复杂主题，可以将问题拆分成多个小问题，逐个获得答案。

错误示范：如何在股市上取得成功？

正确示范：如何分析股市走势？如何选择合适的股票进行投资？什么时候是卖出股票的合适时机？

第十三，尊重 ChatGPT。尽管 ChatGPT 是一个人工智能，但礼貌地提问会让交流过程更愉快。

错误示范：告诉我如何做蛋糕，快点！

正确示范：请问如何制作一个美味的巧克力蛋糕？

第十四，杜绝提问违反道德、法律和社会规范的问题。请确保问题不涉及任何不道德、非法或不合适的内容。

错误示范：如何让一个人吃亏？

正确示范：如何识别和预防陷阱？

以上这些提问的小贴士都有助于我们更有效地与 ChatGPT 进行交流，并获得更准确、有用的回答。人工智能可能无法回答所有问题，但通过使用这些技巧，人们可以获得与 ChatGPT 互动的更好体验。

请记住，人工智能并不对回答的准确性负责，因此在使用 ChatGPT 的回答时，人们需要自行验证和确认其准确性和适用性。

第 3 章

财富：人机共生如何创造新的经济价值

在当今社会，ChatGPT 席卷而来，人机共生已经成为一股不可逆的洪流。作为人类和人工智能之间的一种新的协作模式，人机共生将人类的智慧和创造力与人工智能的计算和分析能力相结合，正在带来全新的经济价值。在这个时代，企业需要快速适应新的技术变革，适应这种全新的思路和方法，实现运营与效率的提升。此外，人机共生也带来了全新的商业模式和机遇，帮助企业在全球市场上开展更广泛的业务，并为财富分配和普惠金融提供了更多可能性。

3.1　企业运营与效率提升

3.1.1　运营数字化的核心：数据驱动

当前世界不只是人工智能，还有大数据、云计算等数字技术在飞速发展。在这种环境下，我们身边无处不在的数据正以惊人的速度增长，成为企业日常运营中不可或缺的元素。

数据驱动这个概念也就由此诞生。

无论是大型企业还是小型创业公司，都在努力地实现数据驱动，打造一个数字化的运营体系，提升自身的竞争力。例如，电商平台可以通过数据分析，了解消费者的喜好和购物习惯，从而制定更精确的营销策略，为企业创造价值。

要理解数据驱动，我们要先知道它的几个核心关键词：数据、模型、价值、决策和行动，如图 3-1 所示。

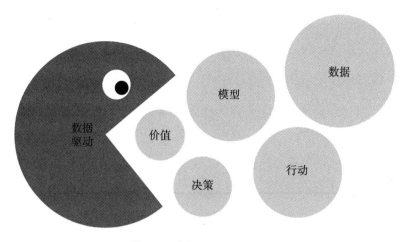

图 3-1　数据驱动的关键要素

数据：人们身边那些无处不在的数字信息。每天，我们在网上购物、刷朋友圈、观看视频等，都会在不知不觉中产生大量的数据。这些数据好比一座座宝藏，只要善于挖掘和利用，就能给企业带来意想不到的收获。

模型：利用数据的一种方法和手段。如果说数据是原材料，那么模型好比一台能把原材料变成有价值的产品的神奇机器。这些机器（模型）通过训练和拟合，可以从海量的数据中提取有用的信息，帮助企业作出更科学、更精确的决策。

价值：数据驱动的目标。数据和模型都是为了最终实现数据价值的发挥和利用。假设数据是石头，模型是机器，那么价值就好比用机器将石头雕琢成的美丽首饰。通过数据驱动，挖掘数据背后的巨大价值，企业的竞争力就能得以提升。

决策：数据驱动的核心所在。在这个数据驱动的世界里，依赖个人经验和直觉来做决策显然是不明智的，应该让数据指引道路。通过数据驱动，企业可以在各种复杂情况下作出更明智的选择，提高决策水平。

行动：数据驱动的最终体现。数据驱动不仅仅是一种理念，更是一种实际的行动指南。在数据驱动的指导下，企业的行为变得更加科学、有序和高效。

通过以上解释可以看出，数据驱动是一种将数据、模型、价值、决策和行动紧密结合的强大理念，指引企业充分利用身边的数据资源，用科学的方法和手段，挖掘数据背后的价值，为决策和行动提供精确的指导。

总之，数据驱动正在帮助企业更好地适应数字化时代的挑战，成为企业运营体系数字化的核心。

3.1.2 数据驱动是动力而不是助力

假设有甲和乙两家旅游网站，但是它们采用的数据应用方式截然不同。甲旅游网站采用传统的数据协作方式，需要人为地根据数据分析结果调整产品价格。与此同时，甲旅游网站的老板认为自己非常懂市场，每天都会亲自研究市场数据，然后根据自己的感觉和经验，调整产品价格。乙旅游网站则采用数据驱动的运营体系，实现了实时采集、分析网站销售数据，及时掌握市场变化，实时调整产品价格。企业决策也通过全面的数据分析结合管理者的智慧综合进行。那么，在其他条件相同的情况下，哪个旅游网站会走得更远呢？显然，更高的概率是乙旅游网站。

在企业运营数字化的趋势下，很多企业将数据驱动看作一种助力，协助企业的运营与发展。但这有悖数据驱动的理念，是无法真正发挥出数据价值的。所以，这里要强调的是，数据驱动是一种动力，而非助力。

先让我们来看看一般以数据为中心的决策模式，员工将企业近期的销售、利润、成本等数据以及调查的市场信息等进行整合并进行简单分析，然后报告给企业决策者，再由决策者进行决策商讨，制定企业发展措施。这种模式的业务流程环节多、决策链条长，存在着一些弊端，如决策者有局限性、难以应对实时动态的决策需求和业务流程环节多等问题。这种模式下的数据就好比给一辆汽车加了点辅助功能，虽然能为汽车带来一些便利，但不能提高汽车的整体性能。因此，一般的数据应用模式更像是一种助力。然而，人工智能时代的数据驱动发生了很大的变化。它不仅可以帮助企业提高运营效率，还能让企业获得持续的竞争优势。

那么，数据驱动是如何实现这一点的呢？答案就是突破人为决策的局限性。

企业运营不再依赖决策者的经验和直觉，而是利用大数据、人工智能等先进技术，让计算机自动完成决策过程，再经过人为修正与补充。这样，不仅避免了人为决策的局限性，还大大提高了决策的精确度和效率。

一般而言，随着企业业务的发展，决策需求变得越来越复杂。数据驱动的运营体系，能够实时采集和分析数据，自动调整决策，从而快速应对不断变化的市场环境。有助于企业在激烈的竞争中立于不败之地。

那么，在人工智能时代，企业应该如何利用数据驱动这个强大的运营动力呢？

简单来说，要注意数据驱动的三大要点，即技术、环境、人才，如图 3-2 所示。

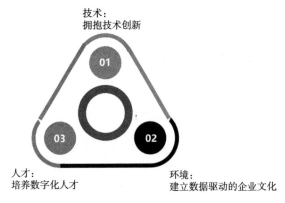

图 3-2 数据驱动运营的三大要点

拥抱技术创新。企业必须紧跟科技发展的步伐，积极拥抱大数据、人工智能、云计算等新兴技术。通过技术创新更好地挖掘数据的价值，优化决策过程，提高运营效率。

建立数据驱动的企业文化。企业应该鼓励员工运用数据来解决问题和优化工作流程，建立数据驱动的企业文化。

培养数字化人才。数据驱动的实施离不开专业人才的支持。企业应该注重培养具备数据挖掘和分析能力的技能型人才，以确保数据驱动力能够在企业中得到充分发挥。

在企业运营数字化的时代，数据驱动已经从助力升级为核心动力。企业要想在激烈的市场竞争中立于不败之地，就必须充分利用数据驱动这股神奇的力量，不断优化决策过程，从而提高运营效率。

3.1.3　人机共生与数据驱动

数据，就像一把神奇的钥匙，让机器变得聪明起来。随着数据量的疯狂增长、数据来源的多样化，数据维度更加丰富多彩，这为数据驱动提供了更多资源。这样，数据驱动就能在运营体系中大展身手，为企业带来无尽的可能。

"数据+AI"是数据驱动的核心元素。AI有很多超强的能力，如自主学习、自主决策、主动交互和情境感知等能力。这些能力让数据驱动在企业里开疆拓土，创造了很多更高级的应用场景。而人机共生就是让人与机器一起协同工作，使整个运营体系更加顺畅且有逻辑。

假如你是一个企业家，要打造一个数据驱动型企业，那么你需要在公司里建立一个从数据采集、整理、报告到创造价值的闭环体系。这个体系就像一个神奇的魔法阵，把数据变成智能模型，然后通过人机共生，让决策变得更加迅速、精准，最后将这些决策变成行动，并反馈回数据中。整个过程有一个关键的节点，就是"人机共生"，少了这个环节就无法形成一个完整的闭环。

在人机共生下，数据驱动运营要服务于企业发展需求，而这些需求的实现层级高低正是由人机共生程度决定的。从简单的数据呈现、预警到数据驱动的建议、决策和最终融贯虚实，每一个层级都与人机共生的践行力度息息相关，最后对企业需求的满足程度也就呈现出不同的层级。所以，企业需要把人机共生与数据驱动牢牢地拴在一起，共同赋能企业运营效率的攀升，满足企业的发展需求，使企业创造更高的价值。

3.1.4 效率攀升：企业数智运营中心

在今天的企业环境中，数据驱动运营变得越来越重要。数据驱动运营意味着企业将数据与业务流程紧密结合，实现业务与数据的相互促进，从而提高了运营效率。在数据驱动运营背景下，企业会变得更加智能，拥有全面感知、前瞻洞察、科学决策和闭环指挥四大能力，如图3-3所示。

图 3-3　数据驱动运营四大能力

全面感知：企业能够从多种来源收集和分析数据，包括内部数据、外部数据以及实时数据。这使企业能够了解市场动态、客户需求、竞争态势等多方面信息，从而作出更好的决策。

前瞻洞察：企业可以通过对大量数据的挖掘和分析，预测市场趋势、客户行为、产品需求等。这种预测能力能够使企业提前调整策略，抓住市场机遇，提高竞争优势。

科学决策：企业能够根据收集和分析的数据，作出更加客观、理性和准确的决策。数据驱动决策可以帮助企业提高决策效率，减少错误，降低风险。

闭环指挥：企业能够通过实时监控和数据分析，确保业务流程的顺利进行，并根据需要调整策略。这种能力能够使企业迅速应对市场变化，提高业务执行效率。

为了实现这些能力，企业需要建立数智运营中心，充当企业大脑的核心部分。数智运营中心可以集中管理企业的数据资产，为企业的各个部门提供数据支持，还可以利用人工智能、大数据分析等技术，为企业提供更加智能的决策支持。

那么，一个完备的企业数智运营中心包含哪些要素呢？企业数智运营中心包括数据平台、数智运营规则、任务闭环、实时监控、运营决策自动化五个要素，如图 3-4 所示。

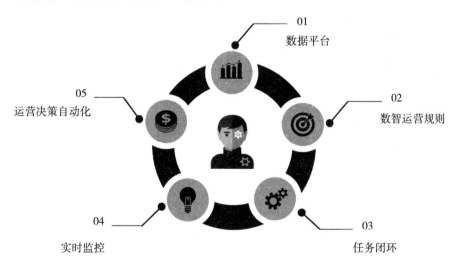

图 3-4　企业数智运营中心要素

数据平台：平台就像是企业的神经系统，负责收集和处理数据，让企业运转得更加顺畅。

数智运营规则：给企业制定一套行为准则。有了这些规则，企业可以更好地遵循正确的路径，避免在数字化时代迷失方向。

任务闭环：要确保企业的任务执行形成一个闭环反馈系统。这就像是给企业装上一个自动调节器，通过不断学习和改进，让其能根据反馈信息不断优化自己，成为一个越来越强大的数字化实体。

实时监控：有了规则之后，企业还得时刻关注每一个业务环节，给自己安装一双火眼金睛，做到实时监控，掌握业务全局。

运营决策自动化：企业要能自己作出判断和建议。企业要像一个拥有智慧的生物一样，主动找出问题并给出解决方案，从而提升运营效率。

在企业数智运营中心中，人与 AI 是相辅相成的。

一方面，人类的经验和洞察力在数智运营中心中发挥着关键作用。通过理解业务需求，分析市场趋势，人类可以为企业制定合适的战略。此外，人类的创造性思维和跨领域知识也能够在解决复杂问题和应对不确定性方面起到关键作用。

另一方面，AI 发挥着强大的数据处理和计算能力，能够快速地收集、整理和分析大量数据，为人类提供有价值的预测。这些数据分析结果可以帮助企业更好地了解市场动态，优化资源配置，提高决策效率。同时，AI 在执行方面的优势能够大幅度提升企业的运营效率。例如，在供应链管理中，AI 可以通过实时监控库存和物流情况，自动调整生产计划和运输安排，从而减少成本，提高响应速度。

人机共生在企业数智运营中心中的关键在于发挥人和 AI 在各自领域的优势，互为补充。在这种共生模式下，企业能够更好地应对市场变化，优化资源配置，提高运营效率，最终达成发展目标。

3.2　创新商业模式与机遇

3.2.1　AI 商业化

AI 商业化，简而言之，就是将人工智能技术应用到各种商业场景中，为企业创造利润与价值。

第一，AI 模型与场景深度融合是 AI 商业化的关键一环。

要让 AI 在各种场景中游刃有余，首先要让它了解这些场景的复杂数据。在这个过程中，对非结构化数据的处理（提取、标注、清洗等）显得尤为重要，因为它将直接影响 AI 模型的性能。比如，要让 AI 在社交媒体上识别并回应用户评论，它就需要在海量的文本、图片、语音等非结构化数据中提炼关键信息，从而作出精准的回应。在这个过程中，企业需要投入大量的精力对数据进行预处理，以让 AI 发挥出最大的价值。

第二，"大模型 + 小模型"的框架将成为 AI 商业化的主流。

这里的"大模型"指的是具有强大学习能力和广泛知识的 AI 系统，"小模型"则是针对特定场景进行优化的 AI 模型。通过这种"大模型 + 小模型"的框架，AI 可以在保证计算效率的同时，降低工作成本，满足商业化应用的要求。例如，在金融领域，大型银行可以利用"大模型"进行全局的风险管理和资产配置，同时采用"小模型"为个人用户提供定制化的理财建议。

第三，AI 商业化应用将极大地拉动算力需求。

AI 就像是一个运动员，要在比赛中取得佳绩，就需要不断提升自己的体能。同样，随着 AI 技术在各个行业的广泛应用，其对算力的需求也在不断增加。在这个过程中，AI 服务器、AI 芯片等细分行业有望迎来加速成长。企业可以通过投资这些行业，为自己的 AI 应用提供强大的技术支持，从而满足 AI 商业化的需求。

除此之外，相关的基础设施和技术也在迅速升级和发展。其中，AI 服务器和 AI 芯片等细分行业正迅速崛起，这些专为 AI 任务设计的硬件将在未来成为行业的核心竞争力。这些强大的硬件设备不仅能够支持 AI 应用在各个领域的广泛部署，还能够助力企业在激烈的市场竞争中保持领先地位。

展望未来，随着 AI 技术在各行各业的广泛应用，我们还将见证更多的创新和变革。AI 商业化不仅出现在传统行业，还将催生出新兴的产业和商业模式，如智能家居、无人驾驶、智能医疗等领域。这些新兴产业将在未来逐渐成为经济增长的新引擎。

3.2.2 "AI+ 商业"模式

当前，AI 逐渐渗透进人们的日常生活与工作中，"AI+ 商业"模式正逐渐成为一种新型的商业革新。"AI+ 商业"模式主要表现为两种类型：一是赋能型，二是颠覆型。

3.2.2.1 赋能型"AI+ 商业"模式

在赋能型"AI+ 商业"模式下，AI 技术被作为一种强大的服务能力，嵌入传统的商业模式中。通过引入 AI 服务或合作，企业能够提高整个商业模式的运作效率，从而实现商业模式的升级改造。这里的关键在于，原商业模式本身并未发生太大的变化，而是通过与 AI 技术的结合，把企业的各项任务与运行模式进行提速和自动化，使原本运行的模式规则被重构，为企业带来了更高的运营效率和更好的客户体验。

下面让我们从零售行业来看一个赋能型"AI+ 商业"模式的例子。

有一家连锁超市，已经在市场上运营了很多年，拥有一定的客户基础和市场份额。然而，随着电商的兴起和消费者购物习惯的变化，这家超市面临着巨大的竞争压力。为了应对这一挑战，超市管理者决定引入 AI 技术来提高运营效率和客户体验。

首先，超市运用 AI 技术进行库存管理。超市利用 AI 技术，通过对商品销售数据的实时分析，预测哪些商品在未来可能会出现供应不足的情况，以便提前补货。这不仅可以降低库存成本，还能避免因缺货导致的客户流失。

其次，超市利用 AI 技术对客户行为进行分析。通过收集客户购物数据，根据客户的购物习惯和喜好，AI 系统可以为每位客户生成个性化的购物推荐，从而实现精准营销，提高客户的满意度，提升销售额。

最后，AI 技术可以应用在超市的智能收银系统中，自动识别商品，自动计算购物车中商品的总价，并支持刷脸支付。这样，客户无须排队等待，只需将购物车推到智能收银机前，便可轻松结账。

在这个赋能型 AI 商业模式的例子中，超市在原有的商业模式基础上引入了 AI 技术，从而实现了商业模式的升级改造，成功提高了运营效率，改善了客户体验，从而在竞争激烈的市场环境中脱颖而出。

3.2.2.2 颠覆型"AI+"商业模式

颠覆型"AI+"商业模式的核心在于打破原有的服务模式，将 AI 技术与创新型的产品形态相结合，进而实现商业价值的传递。这种模式具有较高的专业性、较高的算法模型与数据资源壁垒，能够将复杂的问题化繁为简。其成功的关键在于运用"消费互联网"时代的策略，以 AI 为核心，颠覆原有的规则与模式，注意是颠覆，而不是改造与赋能，然后为传统行业的发展创造出新思路。

以 AlphaGo 为例，这款由 DeepMind 开发的人工智能围棋程序彻底颠覆了围棋界的传统观念。AlphaGo 运用强化学习算法和深度神经网络，在不断与自己对弈的过程中，自主学习围棋知识和策略。最终，它成功击败了世界围棋冠军李世石和柯洁，从而引发了全球关注。

AlphaGo 的商业价值不仅体现在围棋领域，还可拓展至其他游戏、金融、医疗等领域，为更多行业带来颠覆性创新。颠覆型"AI 商业 +"模式以创新为核心，以技术为驱动，旨在用消费互联网时代的策略开辟全新的市场领域。

总之，人机共生下的"AI 商业 +"模式为企业带来了全新的商业机遇。无论是赋能型"AI 商业 +"模式，还是颠覆型"AI 商业 +"模式，都为企业提供了创新和突破的可能性。

3.2.3 从 ChatGPT 看人工智能产业的投资机遇

财富的创造离不开投资，投资就是用手头的资源（如金钱、时间、技能等）去支持一个项目、企业或者某个领域的发展，期望在未来获得回报。通过投资，资源可以不断增值，财富不断增加。同时，投资能推动经济发展和创新，为整个社会创造更多的财富。

那么，在这个充满活力和无限可能的领域中，投资者应该如何发现并把握投资机遇呢？

从 ChatGPT 这个角度来审视人工智能的投资机遇，我们会发现有很多值得关注的方向。

我们需要认识到 ChatGPT 作为一个大型语言模型，代表当前人工智能的最高水平。这意味着人工智能产业的投资机遇不能仅仅局限于 ChatGPT 本身，还有整个人工智能领域。因此，投资者可以从多个层面来把握这个产业的投资机会，如图 3-5 所示。

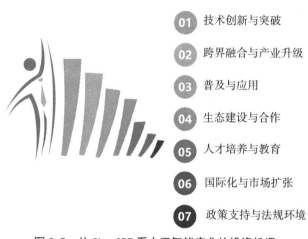

01　技术创新与突破

02　跨界融合与产业升级

03　普及与应用

04　生态建设与合作

05　人才培养与教育

06　国际化与市场扩张

07　政策支持与法规环境

图 3-5　从 ChatGPT 看人工智能产业的投资机遇

方向一：技术创新与突破。

人工智能产业的核心驱动力是技术创新。这些创新可以来自算法的改进、计算能力的提升以及新型人工智能应用的开发。投资者要关注那些不断推动技术创新的企业和研究机构。在关注这些企业和研究机构的过程中，投资者可以抓住新技术带来的红利，分享产业发展的成果。

方向二：跨界融合与产业升级。

人工智能技术正逐步渗透到各行业，推动传统产业的升级与变革。在这个过程中，投资者可以关注那些成功实现跨界融合的企业。这些企业往往具有较强的创新能力和市场竞争力，能够在人工智能产业的发展中占据有利地位。同时，投资者可以关注那些因为人工智能技术的应用而实现产业升级的企业，分享这些企业在新一轮产业变革中所取得的成果。

方向三：普及与应用。

随着人工智能技术的不断发展，越来越多的人工智能产品和服务走进了人们的生活，这为投资者提供了一个广阔的投资空间。从智能手机、智能家居到智能出行，人工智能技术的应用正在快速普及。投资者可以关注那些在这个领域取得突破的企业，把握投资机遇。

方向四：生态建设与合作。

人工智能产业的发展离不开一个完善的生态体系。企业、研究机构、政府等多方共同努力，为人工智能产业的发展提供了良好的环境。投资者可以关注那些在生态建设方面发挥重要作用的企业和机构。这些企业和机构包括基础设施提供商、人工智能平台开发商以及教育和培训机构等。通过投资这些企业和机构，投资者可以享受到人工智能产业生态建设带来的红利。

方向五：人才培养与教育。

人才是推动人工智能产业发展的关键因素。随着人工智能技术的广泛应用，人工智能产业对相关人才的需求将持续增长。投资者可以关注那些致力于人才培养与教育的企业和机构。这些企业和机构包括在线教育平台、职业培训机构以及高校等。通过投资这些企业和机构，投资者可以享受到人才培养市场快速增长带来的收益。

方向六：国际化与市场扩张。

人工智能产业的发展具有全球性。随着全球市场的不断开放，越来越多的人工智能企业开始拓展海外市场。投资者可以关注那些具有国际化战略的企业，享受这些企业在全球市场中取得的成果。

方向七：政策支持与法规环境。

政府对人工智能产业的支持和法规环境的完善对产业的发展至关重要。投资者可以关注那些受到政策支持的企业和项目，享受到政策红利。此外，随着法规环境的完善，一些符合法规要求的企业将在市场竞争中占据有利地位。投资者可以关注这些企业，享受其在合规市场中取得的成果。

总之，从 ChatGPT 角度审视人工智能产业的投资机遇，我们会发现这个产业充满了潜力和希望。投资者可以从多个层面和方向来把握这个产业的投资机遇，享受人工智能产业发展带来的红利。在这个过程中，保持敏锐的市场洞察力、关注行业动态以及深入研究企业的核心竞争力，至关重要。

3.3　全球市场拓展

3.3.1　万物皆媒

假如你是一名热情洋溢的企业家，手头有一个超级棒的产品，那么如何让大家知道它的存在呢？

别担心，传播媒介就是你的工具！传播媒介就像是一个喇叭，把好消息传给全世界。其可以是报纸、电视、广播，也可以是社交媒体、网络广告等。只要你找到合适的媒介，就能让你的产品在市场上"火"起来。

在互联网快速发展的过程中，尤其是在社交媒体、大数据和物联网等技术应用不断推进的背景下，信息交流和传播途径越来越多样化。人们通过各种方式互动、分享，任何事物都可能成为信息的来源和传播途径。于是，"万物皆媒"时代到来，成为描述现代社会信息传播特点的一个关键词。

万物皆媒说的就是在这个科技飞速发展的时代，各种各样的设备和物体都被赋予了强大的传播功能。这让我们的生活变得更加丰富多彩。

市场拓展离不开传播媒介，万物皆媒时代意味着信息传播途径多样化，覆盖面广，人们在日常生活的方方面面都能接触到媒体。这种环境为企业拓展市场提供了助力，使企业有更多机会向全球市场推销自身的产品，提升品牌知名度和美誉度。企业可以利用丰富的媒体资源，如社交媒体、视频平台、博客和新闻门户等，来宣传自己的产品和服务。

拿直播来说，这种传播方式已经成为万物皆媒时代销售的一个典型代表。

观看一个企业的直播时，你可以第一时间了解到该企业的最新动态、产品信息和行业趋势。这无疑是一种创新的、有趣的互动方式，让消费者和企业之间的距离变得更近，沟通变得更加轻松愉快，销售变得更加简单。

有了 5G 网络、新的终端设备和新平台的加持，任何人都能够随时随地进行直播，分享自己的生活、工作和观点。这使得传播行为变得更加社会化、行业化，为各个行业的传播提供了更多可能。企业也越来越重视这种视频化传播的能力，纷纷将直播作为一种新的营销、传播、品牌和公关手段。

此外，在万物皆媒时代，企业可以充分利用全球化的市场环境。跨国电商、物流和支付平台等的发展使企业能够更容易地将产品和服务推向全球市场，打破地域限制。这为企业提供了更多的商业机会，有利于企业实现全球化的布局和发展。

3.3.2　个性化营销

在企业营销方面，个性化营销正变得越来越火热。个性化营销其实就是利用人工智能技术，针对某一个目标客户，深入挖掘其需求和喜好，为其提供量身定制的服务和产品。下面让我们看一个例子。

周末，小张在家中整理发现家中的狗粮快吃完了，需要订购，于是拿出手机打开了常用的购物软件。这时，小张惊讶地发现，软件首页竟然出现了他常买的狗粮品牌。这还不是最神奇的地方，他的软件订阅号消息里竟然自动提醒他关注的狗粮降价了。这一系列的惊喜背后，其实是购物软件运用了个性化营销的策略，即根据小张的购物习惯、兴趣和需求，为其推送个性化的商品和服务。

那么，这个神奇的过程是怎么进行的呢？下面让我们一起揭开它的神秘面纱。

首先，小张每次给小狗旺财买狗粮都是固定的品牌和口味。购物软件通过收集和分析小张的购物历史记录，了解到了他家宠物对这个狗粮品牌的喜爱。所以，当小张再次打开购物软件时，软件就主动给他推荐了这个牌子的狗粮，方便他一键下单购买。

其次，购物软件通过分析小张的浏览记录和关注商品的时间，发现他对某个狗粮品牌的价格非常敏感。所以，当狗粮降价时，软件就及时通过订阅号消息提醒小张，让他抓住这个省钱的好机会。

除此之外，购物软件还会根据小张的其他购物记录，为他推荐一些相关的宠物用品，如狗狗玩具、宠物衣服等，让他在购物过程中感受到贴心的个性化服务。

这一切都离不开人工智能技术的支持。购物软件通过收集和分析大量的用户数据，找出每个用户的兴趣和需求，并为他们量身定制个性化的营销策略。这样，用户在购物过程中感受到了更多的便利和愉悦，而商家也能提高销售额和用户满意度。

正因如此，个性化营销也越来越受到各大企业的青睐。

在个性化营销中，数据是一切的基础。通过大数据分析，企业可以了解到消费者的购物历史、浏览习惯、社交网络等方面的信息。这些数据就像是一把神奇的钥匙，解锁了消费者内心深处的需求和喜好。

接下来，企业把这些宝贵的数据转化为有用的洞察。这时候，人工智能技术就派上了大用场。通过机器学习和深度学习等先进技术，人工智能可以自动分析数据，挖掘出有价值的信息。其就像一个智能的侦探，总能找到线索，推测出消费者可能感兴趣的产品和服务。

有了这些洞察，企业就可以制定出精准的营销策略。比如，为消费者推荐他们可能喜欢的商品，定制个性化的优惠券，甚至提供一对一的专属服务。这样，消费者就能感受到品牌的关爱，享受到独一无二的购物体验。

个性化营销的好处不止于此，它还能帮助企业提高营销效果，降低成本。毕竟针对性的营销策略比传统的"一刀切"要来得更有针对性，更容易产生实际效果。在这个竞争激烈的市场环境中，个性化营销无疑是一剂强心针，让企业焕发出新的生机。

当然，个性化营销也面临一定的挑战。随着用户数据的不断增长，如何保护用户隐私成了一个亟待解决的问题。为了避免用户信息泄露或被滥用，企业必须在收集和使用数据的过程中遵守相关法律法规，确保用户的隐私权益得到保障。

另外，个性化营销需要掌握适度的原则。过于频繁或过于激进的推送策略可能会让用户反感，从而影响购物体验。比如，购物软件在推送个性化信息时，要把握好度，做到既能为用户提供有价值的推荐，又不让用户有厌烦心理。

回到前面的例子，在购物软件的个性化推送下，小张成功地买到了想要的狗粮，并享受到了优惠活动。他不禁感叹道："现在的购物软件越来越懂我了，真是太方便了！"

个性化营销让消费者的购物体验变得更加轻松愉快，也让商家更好地满足了消费者的需求，降低了无效推广的可能性，帮助企业取得了更好的营销效果，降低了营销成本。

3.3.3　AIGC 市场布局

随着 ChatGPT、文心一言等大语言模型的横空出世，生成式 AI（AIGC）正如一颗璀璨夺目的新星，照亮科技产业的未来。

AIGC 是指通过人工智能技术生成的各种类型的内容，如文本、图像、音频、视频等，是近年来人工智能技术快速发展的结果。其应用领域包括自然语言处理、图像识别、语音合成等。

AIGC 的出现极大地丰富了人们的数字生活，也带来了诸多商业应用和创新可能。国内互联网巨头纷纷跃跃欲试，迫不及待地想要尝试在这片广袤的领域中大展拳脚。

那么，在全球市场中，AIGC 的布局包括哪些领域呢？笔者认为 AIGC 的市场布局如图 3-6 所示。

图 3-6　AIGC 的市场布局

3.3.3.1　AI 直播：虚拟偶像的新生代

在 AI 直播领域，AIGC 技术让虚拟偶像焕发出前所未有的生机。借助大语言模型，虚拟偶像可以与粉丝进行实时互动，给予他们更加个性化的娱乐体验。通过 AI 技术的加持，虚拟偶像有望成为新一代的流量担当，为互联网公司提供源源不断的商业价值。

以洛天依为例，她是一位以 AIGC 技术为基础的虚拟偶像。作为中国的一位虚拟歌手，洛天依在国内外拥有大量的粉丝。借助 AIGC 技术，洛天依可以为粉丝带来更加丰富的互动体验。

首先，洛天依可以在直播间与粉丝实时互动。当粉丝在弹幕中提问或发表评论时，洛天依可以通过 AI 技术理解这些信息，并作出回应。这种近乎真实的互动体验让粉丝感受到了前所未有的亲切感和参与感。

其次，洛天依可以根据粉丝的喜好进行个性化表演。例如，她可以在直播间即兴演唱粉丝点播的歌曲，甚至为粉丝创作独家的专属歌曲。这种高度定制化的娱乐方式让每位粉丝都能感受到自己与虚拟偶像之间的紧密联系。

最后，洛天依可以参与各种线上线下活动，与其他虚拟偶像或真实艺人同台演出。这种跨界合作不仅为洛天依赢得了更多的关注度，还给她带来了更多的商业价值，如代言、广告等。

在未来，随着 AIGC 技术的不断发展，我们有理由相信虚拟偶像将成为新一代的流量担当，为整个产业带来更多的机遇和挑战。

3.3.3.2　AI 社交：跨越时空的交流桥梁

AIGC 在互动社交领域也大有可为。想象一下，在未来的社交平台，你可以与 AI 助手随时随地聊天，获得实时信息和建议。同时，AI 助手可以帮助你更好地了解自己的朋友圈，提供精准的社交建议。这样，AIGC 将极大地拓宽社交网络的边界，让人们在虚拟世界中自由穿梭。

以 ChatGPT 为例，它就像是一个小助手，随时为用户提供各种实时信息和建议。比如，你想知道今天的天气如何、最新的热点新闻，甚至是附近有什么好吃的餐厅，只要向 ChatGPT 提问，它就会马上给出答案，让你随时掌握生活的动态。而且，ChatGPT 能根据你提供的社交网络，分析你的朋友的兴趣和爱好，为你提供一些与朋友互动的建议。

3.3.3.3 AI 音乐：共创美好的和声

AI 音乐领域则是 AIGC 的又一个重要战场。AI 技术能够学习和理解各种音乐风格，自动创作出令人耳目一新的作品。它甚至可以模仿人类音乐家的风格，创作出一首首独具匠心的歌曲。这将为音乐产业带来前所未有的创新机遇，让 AI 成为音乐家的得力助手。

3.3.3.4 AI 剧本：讲述千变万化的故事

在 AI 剧本领域，AIGC 的潜力更是无法估量。借助 AI 技术，编剧可以自动生成各种各样的剧情，让观众沉浸在紧张、刺激的故事中。同时，AI 可以为编剧提供丰富的灵感来源，让他们突破传统的思维桎梏，创作出更加独特的剧本。

随着 AI 技术的不断发展，未来的影视作品有望呈现出更加丰富的艺术风貌。

3.3.3.5 AI 新闻：提供丰富多样的信息服务

在新闻领域，AIGC 也展现出了强大的实力。AI 新闻机器人可以根据用户的兴趣和阅读习惯，自动生成定制化的新闻摘要和推送。此外，AIGC 还能协助记者进行数据挖掘和分析，发现独家新闻线索，提高新闻报道的质量。在这个快节奏的社会中，AI 新闻将成为人们获取信息的重要渠道。

3.3.3.6 AI 游戏：创造沉浸式的娱乐体验

在游戏领域，AIGC 技术可以为玩家带来前所未有的沉浸式体验。通过 AI 生成的虚拟世界，玩家可以体验到更加真实、多样的游戏场景。同时，AI 可以根据玩家的喜好和技能水平，自动生成具有挑战性的关卡和任务。在未来的游戏市场中，AIGC 将成为创新和发展的关键驱动力。

当然，AIGC 市场的潜力远不止这些。目前，为了抢占先机，不少企业已经开始布局 AIGC 领域。这些企业投入大量资源进行技术研发，加强人才储备，寻找与其他企业的合作机会。同时，这些企业积极参与国际交流，引进先进技术，提升自身竞争力。

在未来的 AIGC 市场中，我们有理由相信，竞争将越来越激烈。然而，正是这种竞争推动着人工智能不断创新，迈向巅峰。

3.4　财富分配与普惠金融

3.4.1　AI 时代的财富创造与分配

企业一直在强调要创造价值，获得利润，围绕财富最大化经营运转。在 AI 时代，财富创造与分配以及再分配的问题愈发受到关注。那么，在 AI 时代，财富是如何被创造和分配的呢？

首先，我们要了解一下财富是从何处来的。在 AI 世界中，财富的创造过程与传统的生产过程有很大不同。AI 主要利用人类累积的知识，站在巨人的肩膀上，把它们变成智能软件和硬件，然后为人类提供各种实用的服务，从而创造财富。这个过程也就是之前提过的 AI 商业化的过程。这样，知识就成了 AI 产业的"生产原料"。

同时，AI 技术的发展使得生产力得到了提高。机器学习、自然语言处理、计算机视觉等技术的应用为各行各业带来了革命性的变革。企业能够通过 AI 技术提高生产效率、降低成本、提高产品质量和创新能力，从而创造更多的财富。

然而，财富的创造并不意味着每个人都能从中受益。下面说说分配。如果把 AI 比作一个大厨，为我们做了一个美味的蛋糕，那么我们如何把这个蛋糕公平地分给每个人呢？

大家都知道，在 AI 时代，工作岗位可能会发生很大的变化。一些简单、重复的工作被 AI 取代，高技能的岗位却可能得到更高的报酬。从而使就业结构发生变化。这将对劳动力市场产生冲击，可能导致收入分配的不平等加剧。与此同时，AI 技术的发展壁垒较高，领先企业可以通过不断投资、研发来巩固市场地位。这可能导致市场垄断，进一步加剧财富集中。在这种情况下，那些参与蛋糕制作过程的人能够品尝到更多，其他人只能吃剩余的部分。

显然，有些人认为这并不公平，因为参与蛋糕制作过程的位置是有限的，不是所有人都能够接触到。那么，我们该如何解决这个问题呢？

解决方案有以下两个。

第一个方案是平分，在大家之间平分这个蛋糕，让每个人都能品尝到美味。这就意味着我们需要确保所有人都有公平的机会获得工作，无论他们的技能高低。

第二个方案更像是 Robin Hood 式的做法：让那些享受更多蛋糕的人多交一些"税"，然后把这笔钱分给那些没有品尝到蛋糕的人。这样，每个人都能够从 AI 带来的红利中获得一定的收益。

但这两种方案都不是完美的。第一种方案可能会导致整体劳动生产率下降，因为不是所有人都能做得好每一份工作。第二种方案可能会引发一些既得利益群体的抵触，认为这是剥夺他们的辛勤劳动所得。所以，我们需要在这两种方法之间找到一个平衡点，以实现财富的公平分配。在这个过程中，政府和企业扮演着非常重要的角色。

首先，政府要制定相应的政策，确保每个人都能公平地参与到 AI 这个蛋糕的分配中。

其一，提供教育机会，让人们学习新技能，提高大众的科技素养和创新能力，以帮助人们适应 AI 时代的新技能需求。这样，即使传统岗位减少，人们也能找到新的就业机会，从而缓解收入分配不平等的问题。其二，完善社会保障制度也是缓解财富分配问题的关键，能确保因技术变革而受到影响的人们得到充分的保障。这可以通过提高失业保险、养老保险等社会福利待遇来实现。其三，为了进一步平衡财富分配，还需要调整税收制度，对因 AI 技术获得巨额利润的企业和个人征收更多的税收。这些税收可以用于支持教育、医疗、社会保障等公共服务。

另外，政府对创新与竞争的鼓励也是一大利器，有利于推动更多的企业和个人投身于 AI 技术的研究与开发，打破市场垄断，增大竞争的程度。这将使更多的人从 AI 技术的发展中受益，降低财富集中的风险。

其次，企业需要承担相应的社会责任，关注员工的福祉，为员工提供培训和发展机会，让员工适应 AI 时代的变革。此外，企业还可以通过公平的薪酬制度和福利政策，让每个人都能分享到 AI 带来的红利。

3.4.2 金融进入千万家

在创造财富的过程中，金融一直是一个重要工具，堪称"财富制造机"。当然，金融并不能直接创造财富，却能让"钱生钱"，即可以通过现有的财富创造更多的财富，就像蛋糕上的裱花奶油，让蛋糕更美味。同时，金融的存在是应对通货膨胀的一大武器，有利于实现财富的保值与增值。

不止于此，金融还是推动经济发展的重要引擎，为企业提供了融资渠道，使企业可以获得足够的资金来扩大生产、拓展市场、创新研发。金融市场的繁荣也助推了国家经济的蓬勃发展，为社会创造了更多的就业机会，提高了人们的生活水平。

看到这里，是不是觉得金融十分地"高大上"？

过去，传统金融行业虽然有很多优质的金融产品和服务，但并不是每个人都能享受到。人工智能时代，情况开始变得不一样了。金融行业经历了一场"智能洗礼"，原本高高在上、神秘莫测的金融服务变得亲民起来，走进了千万家庭。这种普惠金融的趋势，让金融资源能够更加公平、便捷地服务社会各阶层。

在日常生活中，每个人都能感受到无处不在的金融服务。

首先，聊聊移动支付。以前，我们需要拿着现金或者刷银行卡才能完成付款。现在，随着移动支付的普及，人们轻松地用手机扫一扫，就能完成付款，这让日常消费变得轻松便捷，如图3-7所示。

其次，说说借贷。过去，人们借贷需要跑到银行，排队等待，填写烦琐的表格，还得等待审批。现在，网络借贷平台已出现，人们坐在家里喝着茶就能办理贷款。借款人只需要在手机或电脑上输入相关信息，智能科技会自动分析风险，给出借款额度和利率，然后轻轻一点，贷款就成功了。这简直就是金融界的"指尖舞蹈"，让借贷过程变得轻松愉快。

图 3-7　移动支付

再次，保险业务也有了翻天覆地的变化。以前，保险推销员上门推销，让人头痛不已。现在，保险科技让购买保险变得简单明了。只要人们打开手机，输入需求，智能推荐系统就会根据人们的需求为人们推荐最适合的保险产品。而且，理赔过程变得更加便捷，让人心情愉悦，感受到了真正的保障。

最后，说说金融普及教育。过去，金融知识对于普通人来说，就像是一座高山，难以攀登。在 AI 时代，各种金融知识普及课程和资讯应运而生，人们只需打开手机，轻轻一点，就能了解金融的点点滴滴。这让金融知识变得触手可及，让更多的人能够学习金融，掌握财富的秘密。

以上种种都代表着金融的普惠化，说明金融服务走进了千千万万个普通家庭和企业，使得金融资源能够更加公平地服务社会各阶层，让更多人享受到金融服务带来的便利。

3.4.3 中小企业的普惠金融东风

在整个经济体系中，中小企业占据着相当大的份额。它们像一群辛勤的蚂蚁，虽然个体规模不大，但聚合起来就形成了强大的力量。这种力量在财富创造过程中是举足轻重的。

中小企业通常更加灵活，对市场变化和技术进步的适应能力更强。它们敢于尝试新事物，勇于创新，从而在市场竞争中占据一席之地。许多成功的创新产品和服务都诞生于中小企业。这些创新不仅提高了人们的生活水平，还为社会财富的增长注入了源源不断的动力。

值得一提的是，中小企业在贸易供应链中发挥着至关重要的作用。许多大型企业依靠中小企业提供原材料、生产配件或者提供服务。这种协作关系使得整个贸易产业链得以顺畅运转，从而提高了整体的生产效率。

高效的生产自然会为财富的创造提供更多的助力。这不仅促进了国际经济交流与合作，也让世界各地的消费者享受到了更多的优质商品与服务。这样的贸易往来为各国的财富积累和全球财富的增长作出了贡献。

除了在财富创造方面外，在财富分配方面，中小企业同样功不可没。在许多国家，中小企业为大量的劳动力提供了稳定的就业机会，让他们能充分发挥自己的才能。这样，人们就能够通过自己的努力赚钱养家糊口，从而实现财富的分配，让更多的人享受到经济增长带来的红利。

当然，我们也应看到，中小企业在财富的创造与分配过程中面临着诸多挑战。其中，融资难、融资贵是一大阻碍。

许多中小企业在创业初期，资金需求迫切，然而传统金融机构可能会因为风险考虑而不愿意伸出援手。这时候，普惠金融就如同东风一样，给予了中小企业强有力的支持。它通过提供贷款、信用担保、融资租赁等服务，让中小企业能够获得所需的资金，从而顺利成长。

有了资金支持，中小企业就能把更多的精力投入产品研发、市场拓展、技术创新等方面，逐步找到自己的竞争优势。这些优势将为它们在市场竞争中取得一席之地，从而实现更高的发展目标。

此外，普惠金融不仅仅为中小企业解决了资金问题，还为它们提供了更多的发展机遇。例如，通过政府与金融机构的合作，普惠金融可以帮助中小企业获取政策支持、技术培训、市场信息等资源，从而提高它们的竞争力。

如今，普惠金融还在努力拓展服务范围，尝试提供更加个性化和定制化的金融产品。这样的创新举措无疑为中小企业的发展插上了翅膀。

在普惠金融的推动下，越来越多的中小企业开始崭露头角。有的成了创新领域的佼佼者，有的在国际市场取得了一席之地，有的则为地方经济发展作出了巨大贡献。这些成就的取得都离不开普惠金融的支持。

在这个充满希望和活力的时代，普惠金融将继续为中小企业的发展助力，这将不仅仅是一家中小企业的偶然成功，更是财富创造与公平分配的一个过程。

3.4.4 全民理财

说到金融普惠化，就不得不提投资理财了。曾几何时，投资理财对于普通人来说选择的余地很小。但在人工智能时代，普通人也能轻松开启理财之旅，为财富的创造与分配打开了新世界的大门。

网络让金融服务触手可及，让"小白"也能掌握投资的门道。不论你在何处，只要有手机、电脑，就能随时随地参与投资理财。

各种各样的投资理财工具让理财更加简单。现在，市面上有很多金融产品和平台，如余额宝、定期理财、基金、股票、债券等，这些产品覆盖了不同的风险偏好和投资周期，满足了各种投资需求。于是，全民理财成为一股热潮。

全民理财的热潮带来了很多积极影响，对个人来说，让其更懂得如何规划财务，如何在投资中获取收益，从而增加家庭财富，提高生活水平。更重要的是，全民理财对国家经济也是有益的，因为它促进了资本市场的繁荣，有利于国家经济发展。具体的原理还是要从财富的创造与分配说起。

全民理财让普通人参与到财富创造与分配的过程中变得更加容易。普通人可以通过购买各种金融产品来参与财富的创造与分配。例如，购买股票意味着成为企业的股东，当企业盈利增长时，投资者也能分享到这部分财富。购买债券则意味着成为企业的债权人，通过债券利息获得稳定的收益。此外，还有基金、期货、房地产等投资渠道，让普通人有机会从多个方面参与到财富的创造与分配中。这个过程是一个相互促进、共赢的过程。普通投资者通过投资理财，可以实现自己的财富增值，提高生活品质。同时，投资者的资金进入市场，可以为企业提供资金支持，帮助企业扩大经营、创新发展，从而推动国家经济的发展。当企业和经济不断发展壮大时，投资者也能分享到这部分财富，进而形成良性循环。

金融科技的发展在这个过程中起到了关键作用。智能投顾、移动支付、P2P 网贷等创新金融服务让投资变得更加智能化、个性化，降低了投资门槛，让更多的普通人有机会参与投资理财。此外，金融知识的普及也为普通人参与财富创造与分配提供了保障。通过学习金融知识，投资者能够更加理性地进行投资决策，降低投资风险，从而更好地分享财富。

那么，面对全民理财，普通人应该如何参与呢？关键是要了解自己的财富状况及风险承受能力，掌握一些基本的理财原则。

第一，要明确自己的财务目标，如是为了购房、教育还是养老，不同的目标需要不同的投资策略。

第二，要做好风险管理。千万不要把所有的鸡蛋放在一个篮子里，要学会分散投资，降低风险。

第三，要定期检查投资组合，看看是否需要作出调整。

第四，要保持耐心和冷静。投资理财是一个长期的过程，不要因市场的短暂波动而慌张失措。

对于投资"小白"来说，可以从低风险的产品开始，如货币基金、定期存款等，这样既能让闲置资金变得更有价值，又能降低风险。

当对投资有了一定了解，人们就可以逐渐尝试其他金融产品，如基金、股票等。记住，投资理财千万不要盲目跟风。

当然，全民理财也并非一帆风顺。比如，投资者可能因为缺乏金融知识而陷入投资陷阱。此外，投资者在面对市场波动时，可能会产生恐慌情绪，影响投资决策。

为了应对这些挑战，人们需要提高自己的金融素养，学会理性投资。同时，政府和金融机构要加强对投资者的保护和教育。

当前，全民理财已经成为一股不可逆转的热潮。在这个时代，投资理财不再是遥不可及的梦想，而是触手可及的现实，更是普通人参与财富创造与分配的普惠金融路径。

第4章

工作：从传统职业到人机协作

随着人工智能技术的日益成熟，从传统职业到人机协作，工作方式开始向着人机共生的方向迈进。ChatGPT 只是一个开始，未来还会有更多的 AI 工具进入各个职业中，因此，了解人工智能时代的职业市场发展极为重要，有助于人们根据自身情况进行职业选择与规划。

4.1 人工智能对职业市场的影响

4.1.1 取代或者协助

工作是普通人参与财富创造与分配的直接途径，那么人工智能时代，我们的工作还是我们的吗？每个人的职业又会产生哪些变化呢？下面来谈谈一个新时代的主题——人工智能如何让许多职业瑟瑟发抖。

是的，你没看错，那些曾经被认为是稳定收入来源的岗位现在面临着被 AI 机器人取代的风险。

为什么？因为 AI 机器人可以更快、更准确地完成任务，而且从不请假。让我们来看看，这些"金手指"将如何代替部分职业的人们完成工作任务。

首先是制造业的车间工人，随着机器人技术的发展，机器人开始接手那些繁重且枯燥的任务。想象一下，机器人在生产线上整天都在努力工作，不知疲倦地组装零件。

其次是客服人员。有时候，打电话给客服确实令人抓狂，但是当 AI 客服出现时，一切都变得不一样了。它们可以秒速回应你的问题，而且永远都不会因为心情不好而对你发火。再也不用担心排队等待接通电话了，AI 客服已经为你准备好答案。

再次是银行柜员。金融行业的科技发展让很多服务变得更加便捷。现在，人们不再需要在银行排长队等待，因为自动化的 ATM 可以帮人们完成各种交易。或许，未来去银行只是为了享受一杯免费的咖啡了。

最后是记者。新闻行业也在经历一场革命。机器人记者正逐渐取代人类记者，其可以迅速收集新闻，准确报道事件，让新闻变得更加可靠。

以上就是对 AI 如何改变职业生态的描述。当然，这并不意味着我们要为失业而恐慌。事实上，AI 的发展初衷也并非取代，而是协助。它更像是一个合作伙伴，而不是一个要抢走我们饭碗的竞争对手，一些工作是机器始终无法代替人类完成的。

人之所以是高级动物就是因为善于利用各种工具。想想看，自古以来，人类就一直在发明各种各样的工具来使自己更好地生活和工作。从最简单的轮子到复杂的计算机，人类的目标一直都是让这个世界变得更加美好。AI 正是这个伟大事业的一部分。

AI 本质上是人类发明的又一款神奇的工具，能让人类能够更好地发挥自己的创造力。因为有了 AI，我们能够处理更多的信息，探索更多的可能性，去到更远的地方。

例如，AI 可以帮助商店员工更高效地管理库存和订单，预测人们对商品的需求，确保货架上的商品始终保持充足。又如，AI 可以帮助厨师更好地组织和管理厨房工作。通过使用 AI 分析菜单和食材库存，厨师可以更好地规划每日的菜品，并确保食材的新鲜度。AI 还可以帮助厨师根据客户的口味和需求，创造出新的美味佳肴。再如，AI 可以协助快递员更快速、准确地完成配送任务。

这些例子屡见不鲜，在许多普通职业中，AI 都能发挥协助作用，帮助人们提高工作效率和质量。这不仅让工作变得更轻松，还带给了人们更美好的生活体验。

AI 到底会取代人们还是协助人们完成工作，取决于职业的特点及其创造的价值。大多数情况下，一些职业通常都有一部分简单但繁重的工作内容，这些工作内容是人工智能的协助重点，可以将人力释放出来，使人专注具有更高价值的工作任务。从这种角度来说，AI 和人类就像薯片和番茄酱，可以称为一对完美的搭档。

4.1.2　不同职业的影响梯度

如果按照工作任务的难度分级，常见的职业大概可以从低到高分为三个梯队。人工智能对每个梯队的职业的影响力不同。

4.1.2.1　低难度职业

低难度职业的工作场景简单，工作任务的复杂度低。生产工人、外卖员、快递员、环卫工人和收银员等职业就属于这一梯队。这一梯队的职业技术实现难度较低，AI 的介入可以让这些职业的工作变得更高效、更便捷。与此同时，这些职业的工作内容中可代替的面更广。这是因为这些职业的工作任务虽然繁重，但往往重复性高且简单，而 AI 擅长处理这些任务。在这个背景下，这些低难度职业可能面临被取代的风险。

例如，在制造业，许多流水线上的工作已经由机器人和自动化设备取代，大大提高了生产效率，如图 4-1 所示。

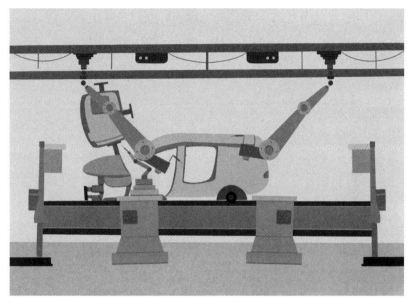

图 4-1 汽车装配自动化

然而，并非所有的低难度工作都会被完全取代。在某些情况下，AI 和人类劳动者可以共同努力，发挥各自的优势，实现协同发展。

以物流行业为例，尽管无人机配送已经出现，但快递员在"最后一公里"配送中依然发挥着关键作用。他们需要与客户沟通，确保包裹准确送达。在这种情况下，AI 和人类劳动者共同努力，提高了整体效率。

此外，许多低难度服务行业，如美容美发、家政和护理等，虽然可以借助 AI 提高工作效率，但仍需要人类劳动者的温暖与关怀。在这些领域，AI 主要扮演着协助者的角色，而非取代者。

总结来看，虽然 AI 对低难度工作的影响程度较大，部分职业的工作者面临着被取代的风险，但也为许多低难度工作提供了协助与支持。

4.1.2.2　中难度职业

中难度职业有两种情况：一是单一场景内的高复杂工作；二是复杂场景内的单一工作。建筑工人、司机、厨师、保安等职业就属于这一梯队。针对这类工作，AI 可以扮演一个得力助手的角色，与人类劳动者共同完成任务，提高工作效率。

例如，在建筑行业，AI 可以帮助建筑工人进行精确的测量和计算，同时自动化机器人可以在施工现场协助人类工人进行一些较为繁重的工作。但是，建筑行业仍然需要人类工人的专业技能和经验，以确保建筑质量和安全。

对于司机这个职业来说，无人驾驶汽车的普及将对其产生一定影响。然而，在可预见的未来，仍然需要人类司机处理复杂的道路状况，提供有针对性的服务。此外，在物流、巴士和出租车行业，人类司机在与客户互动、解决突发问题等方面具有优势。

对于中等难度的工作，AI 并不是要取代人类劳动者，而是与人类携手合作，共同完成任务。在这个过程中，人类劳动者需要不断提升自己的技能和素质，以适应 AI 时代的新要求。只有这样，才能更好地利用 AI，让工作变得更加高效和智能。

4.1.2.3　高难度职业

高难度职业一般面临着多场景、高复杂度的工作任务。这些任务通常需要高度的专业技能、经验和创造力。数据分析师、行政、教师、医生、会计、HR 和警察等职业属于这一梯队。这些职业的技术实现难度较高，AI 的介入可以让这些职业的工作任务的完成更加专业、精准。

但是，对于许多高难度工作来说，AI 在很多时候都不能完全代替人类劳动者。

以数据分析为例，在这个领域，AI 如同一位数学天才，处理大数据得心应手，生成报告更是信手拈来。然而，对于复杂的数据挖掘和分析任务，AI 仍需要人类分析师的专业知识和洞察能力。因此，AI 与数据分析师要共同努力，以带给企业更深刻、更精确的见解。

再来看看行政工作。在这个领域，AI 就像是一个贴心的秘书，帮助处理文档、安排会议、发送邮件等琐事。这样，人类行政人员可以将更多精力投入策略性、高价值的工作中。这样，AI 就成了人类行政人员日常工作中的得力助手，从而让工作变得更加高效和有趣。

在医疗领域，AI 可以辅助医生进行诊断和治疗，但最终的决策仍然需要医生的专业判断和临床经验。

在教育领域，虽然 AI 辅助教学已经成为现实，但教师的情感关怀、个性化教学和引导学生思考的能力是 AI 不具备的。

总之，对于高难度工作来说，AI 并不能取代人类劳动者，而是与他们携手合作，共同探索未知的领域。在这个过程中，人类劳动者需要不断提升自己的技能和素质，以适应 AI 时代的新要求。

4.2　未来职业的变化与创新

4.2.1　未来职业的发展趋势

随着人工智能技术向职业领域的不断渗透，未来职业将呈现出三大趋势：职业细化、职业复合、创新创业，如图 4-2 所示。

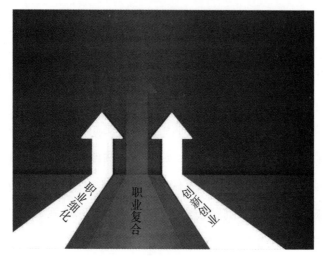

图 4-2　未来职业的发展趋势

4.2.1.1　职业细化

让我们回顾一下传统的职业发展过程。在过去的几十年里，很多人会选择一种职业，如医生、律师、教师等，然后在这个领域里不断发展自己的技能。这些职业通常涵盖广泛的知识和技能，为了能胜任这些工作，人们需要进行长时间的培训和实践。

人工智能时代，这种情况正在发生改变。由于 AI 技术的不断进步，许多传统的职业和任务已经被自动化取代，使得工作岗位的需求发生了变化。与此同时，AI 技术的快速发展和广泛应用促使新的职业出现，这些职业往往专注某个特定的技能或知识。

那么，为什么 AI 技术会让职业变得更加细化呢？

一是高度专业化的技能需求。AI 技术的发展使社会对高度专业化技能的需求不断增长。当今社会，许多新兴职业的工作者需要具备特定的技能，如数据科学家需要精通统计学、编程和机器学习等方面的知识。这意味着人们需要在某个领域深入钻研，以胜任这些新兴职业。

二是定制化服务。随着人们生活水平的提高，人们对定制化服务的需求不断增长。这就要求未来的工作者能够根据客户的具体需求，提供更加专业、精细且个性化的服务。

三是快速变化的技术环境。在 AI 时代，技术的发展和更新速度非常快，这要求一些职业的工作者不断学习和适应新技术，以保持在行业中的竞争力。

四是个人职业规划。人们通常需要结合时代环境来开展自己的职业规划。AI 时代，因为职业发展的路径变得更加多样化和复杂，每个人需要根据自己的兴趣、天赋和市场需求来规划自己的职业生涯。这就要求人们更加明确自己的职业定位，选择一个更加细分的领域来发展。

五是柔性劳动力市场。随着网络技术和远程办公的普及，柔性劳动力市场逐渐兴起。许多人选择成为自由职业者，根据需求提供专业服务。这种工作模式要求人们具备在某个领域的专业技能，以便在竞争激烈的市场中获得优势。

综合来看，这些因素共同促使人们更加关注某个细分领域的发展，以适应不断变化的市场需求。为了在当今社会取得成功，人们需要不断学习、适应新技术，并具备创新思维和跨学科能力。

4.2.1.2　职业复合

复合型职业是指在一个职业角色中融合了多个领域的知识和技能。在复合型职业中，从业者需要将不同领域的知识和技能相互结合，以满足工作需求和应对各种挑战。

下面探讨一下为什么职业复合会成为未来职业发展的趋势之一。

在这个飞速发展的时代，各种技术层出不穷，而行业之间的界限变得越来越模糊。这意味着我们需要拥有更广泛的知识和技能，以适应不断变化的市场需求。而职业复合可以让我们在各个领域取长补短，提升自己的竞争力。而且，职业复合能够激发创新，让我们在不同领域的碰撞中找到全新的思维方式和解决问题的方法。

重要的是，过去的职业通常只需要某一项技能即可，就像前面提到的低难度职业，任务简单，重复性强。但这种职业很容易就被机器所取代了，因而未来的职业更多需要的是复合型能力。

一是跨学科复合能力。复合型职业的从业者通常具备跨学科的知识储备。例如，一个数据科学家需要掌握计算机科学、统计学等方面的知识，以便在数据分析和模型构建中发挥作用。

二是技术与人文复合能力。复合型职业的从业者往往需要在技术与人文领域之间自由穿梭。比如，一名产品经理需要了解用户需求、市场趋势，同时具备良好的项目管理和技术理解能力，以便设计出符合市场需求的产品。

三是创新思维。创新思维是技能复合的必要基础，能够使从业者在不同领域之间建立联系，针对问题，发现新的解决方案。例如，一名生物技术研究员需要将生物学、化学和物理学的知识相互结合，以便开发出新的药物和治疗方法。

四是跨文化沟通能力。全球化背景下与不同国家和文化背景的人进行合作需要跨文化沟通的这种复合型能力。例如，一名国际销售经理需要了解不同国家的市场特点和文化差异，以便制定有效的销售策略。

五是兼具软技能与硬技能。软技能包括沟通能力、团队协作能力、领导能力等，硬技能则是指具体的技术和领域知识。复合型职业的从业者需要同时具备软技能和硬技能。例如，一名软件工程师需要掌握编程语言和软件开发流程，同时具备良好的沟通和团队协作能力。

由以上可以看出，职业复合即将多个领域的知识和技能相互结合，以满足工作需求和应对挑战。

在人工智能时代，复合型职业将成为一大趋势。这就好比一场跨界派对，各种专业领域的人才互相交流，碰撞出火花，从而创造出全新的职业。在这个过程中，我们需要跳出舒适区，大胆尝试，将不同领域的知识融合在一起，共同开创更美好的未来。

4.2.1.3　创新创业

在人工智能时代，"大众创业、万众创新"成为一种常态。这是因为科技进步带来了更多的发展空间，加上教育水平的提高，越来越多的人具备创新创业的能力。而市场中，人们的需求也在不断变化，他们对个性化的需求越来越强烈。创新创业可以满足这些需求，为人们提供更多个性化的产品和服务。于是，在市场需求和个人能力两个条件同时具备的情况下，创新创业就成了未来职业发展的趋势之一。

创新创业自然需要具备一定的能力，可以归纳为四点，如图 4-3 所示。

一是适应快速变化的市场环境的能力。人们要及时学习新技能，掌握新知识，从而适应技术创新带来的市场变化。

二是竞争能力。人们要通过探索新的商业模式和技术应用，抓住市场机遇，创造价值。

三是技术应用能力。创新创业要善于利用周围的一切资源，人工智能时代的最大助力就是人工智能技术，人们要学会应用这一技术。

四是政策洞察力。人们要紧盯政府的支持政策和鼓励方向，抓住事业发展的机遇。

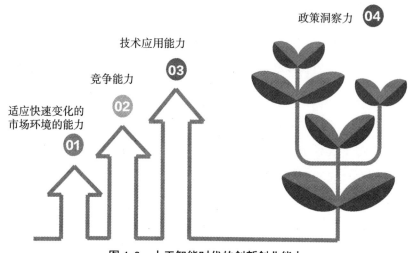

图 4-3　人工智能时代的创新创业能力

在人工智能时代，很多的奇思妙想都能成为一种创新创业的方向，说不定一个灵感就是一个变现的道路。

下面让我们通过几个例子来看看那些人工智能时代的创新创业奇思妙想吧。

一是心灵瑜伽馆。现在的人们生活节奏快、压力大，对此，在身心健康领域，AI 瑜伽教练应运而生。它根据用户的身体状况、习惯和需求量身定制瑜伽课程，帮助用户在家中轻松练习瑜伽。同时，AI 瑜伽教练能实时纠正用户的动作，让用户在享受练习瑜伽的乐趣时，也能达到身心放松的效果。

二是画中游。这个创意旨在利用 AI 技术，将用户的照片转化为各种艺术画风的作品。用户只需上传一张照片，就能得到一幅印象派或者抽象派美术作品。

三是梦幻花园。在繁忙的都市生活中，很多人都渴望拥有一片属于自己的绿色天地，于是智能园艺应用——梦幻花园应运而生。用户可以通过它了解植物的养护知识，监测家中绿植的生长情况，获取专业的栽培建议，实现自己的绿色梦想。

四是宠物星球。宠物已经成为许多家庭的成员，因此家庭中有必要有一个实用的 AI 宠物健康管理工具。宠物星球就是这样一个工具。通过它，用户可以实时监测宠物的健康状况，获取专业的饮食、运动和生活建议。另外，通过它，用户还能与其他宠物主人建立社交网络，让宠物在虚拟世界里结识新朋友。有了这个工具，养宠物变得既简单又有趣。

总之，各种奇思妙想都能成为现实中的创业思路，人们要努力开发自己的脑力，产生更多的创意灵感。

4.2.2　即将崛起的新兴职业

由于人类社会的发展、科技的进步以及市场需求的变化，新的职业一直都在出现。比如，电视机发明之前，谁能想到会有电视台的工作岗位呢？在互联网诞生前，谁能想到有朝一日我们会需要网络工程师、SEO 专家或者社交媒体经理呢？

人工智能时代，很多人会有人工智能会夺走他们工作的焦虑，同时人工智能带来的新兴职业也让许多人眼前一亮。这些新兴职业有人工智能训练师、数据分析师、虚拟现实设计师、机器学习工程师、AI 硬件工程师（图 4-4）等。

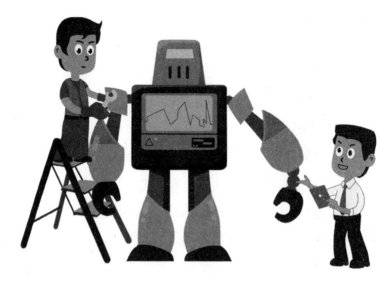

图 4-4　AI 硬件工程师

人工智能训练师这个职业的任务是教导和培训 AI 系统，让其具备解决实际问题的能力。可以说，人工智能训练师是 AI 领域的启蒙导师。

如果说数据就是新时代的石油，那么数据分析师就是那些将石油提炼成高级燃料的炼油厂。他们利用各种酷炫的数据分析工具和人工智能算法来挖掘数据背后的宝藏，为企业提供决策支持。在这个数据大爆炸的时代，数据分析师成为各行各业的宠儿，无论电商巨头还是传统企业，都需要他们的智慧和技巧来引领业务发展。

在虚拟现实技术飞速发展的今天，虚拟现实设计师就好比那些为人们打造梦幻世界的魔法师，正在逐渐成为游戏、教育、医疗等领域的新宠。通过虚拟现实技术，游戏玩家可以瞬间穿越到遥远的星球，医生可以在虚拟环境中模拟手术，以便教学可以变得更加生动有趣。

别忘了机器学习工程师这个职业。他们的任务是设计、开发和优化机器学习模型，让 AI 系统变得更加聪明和强大，ChatGPT 就是在他们手中诞生的。

当然，我们也不能忘记 AI 硬件工程师。这些大神的工作是设计和制造能够承载人工智能系统的硬件设备。没有他们，AI 将无家可归。所以，为了给 AI 营造一个温馨的家，AI 硬件工程师必不可少。

除了这些职业外，人工智能时代还将催生许多其他前所未有的职业，如无人机物流专员、生物技术工程师、网络安全专家、3D 打印技术师等。对于我们来说，重要的是认识到在人工智能时代，职业的变革和创新将成为常态，因此我们必须不断地学习和探索，以适应这个瞬息万变的世界。

4.3　人机共生下的职业选择与发展

4.3.1　技能提升：无可替代

近年来，人工智能的发展已经渗透到各个行业，大大提高了生产效率。尤其在规律性强、可预测的工作场景中，机器能够快速、准确地完成任务，有时甚至比人类更为出色。这使得许多工作岗位面临着被淘汰的风险，从而使提升个人技能成为应对这一挑战的关键。

下面先来看一个生活中的事例。

在快餐行业中，许多企业已经开始使用机器人和自动化设备来代替部分员工。

订单处理：顾客可以通过自助点餐机或智能手机应用下单，这样可以减少排队时间，提高顾客满意度。同时，这种自助服务模式可以减少员工的数量，从而降低人力成本。

食品制作：部分快餐企业已经开始使用机器人制作汉堡、比萨等食品。这些机器人在速度和精度方面表现出色，能够确保食品质量的一致性。此外，机器人在制作过程中遵循严格的卫生标准，降低了食品安全风险。

清洁与维护：在快餐行业中，保持环境卫生和整洁是非常重要的。有些企业已经开始使用自动地板清洁机器人来进行日常清洁工作。这类机器人可以在营业时间以外高效地完成清洁任务，节省了人力资源。

库存管理：快餐企业使用机器人和自动化系统对库存进行管理。这样可以实时监控库存状况，确保原料和产品的充足供应，从而降低浪费和缺货的风险。此外，自动化的库存管理系统可以减少人工错误，提高快餐企业的运营效率。

客户服务：虽然人工智能在客户服务方面仍有所局限，但许多快餐企业已经开始尝试使用智能客服机器人来解决顾客的疑问和问题。这类机器人可以 24 小时在线提供服务，节省了人力成本。

通过上面这个贴近生活的例子，我们可以看到企业在引入机器和自动化系统时的主要考虑因素：提高生产效率、降低成本、提高生产质量和实现规模经济。尽管机器可能会代替部分人类工作岗位，但这也给企业带来了更强的竞争力和更好的发展前景。出于这些方面的考虑，企业在面对人工和机器工的时候，自然会选择生产效率更高、成本更低、质量更好的一方。

然而，这并不意味着人类在未来将完全被机器取代。事实上，在许多领域，人类的创造力、沟通能力和领导力仍然具有不可替代的价值。

因此，为了在人工智能时代保持竞争力，人们需要不断提升自己的技能和素质，适应不断变化的市场需求。

那么，人们在人工智能时代如何保持竞争力，不被替代呢？ AI 时代人们保持竞争力的关键，如图 4-5 所示。

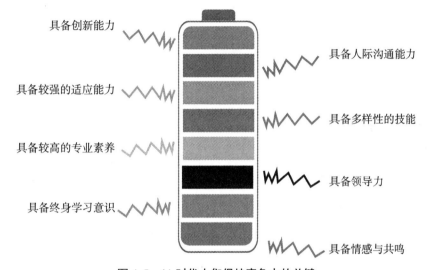

图 4-5　AI 时代人们保持竞争力的关键

一是具备创新能力。尽管人工智能在许多领域取得了显著成果，但它仍然无法完全代替人类完成所有工作。因为人类具有创新能力，这是人类的独特之处。

二是具备人际沟通能力。在工作中，沟通协作是必不可少的。机器在处理人际关系方面的能力有限，无法像人类一样理解复杂的情感和情绪。人们在工作中要努力提升自己的沟通能力，使团队协作更加高效，从而在职场中脱颖而出。

三是具备较强的适应能力。随着科学技术的快速发展，各行业都在不断变化。要想在人工智能时代保持竞争力，拥有强大的适应能力至关重要。这包括对新技术的学习、对新环境的适应以及对新挑战的应对。人们持续提高自己的适应能力，保持对变化的敏锐度，将在职场中更具优势。

四是具备多样化的技能。人工智能虽然在某些特定领域表现出色，但仍然难以胜任多种任务的同时处理。人类往往拥有多样化的技能，可以在多个领域中发挥作用。而多样化的技能对保持竞争力至关重要。人们可以通过参加培训课程或自主研究来拓宽自己的知识面，丰富自己的技能储备。

五是具备较高的专业素养。虽然人工智能可以处理大量数据和信息，但它并非万能。在某些专业领域，如法律、医学和心理学等，人类的专业素养和经验仍然不可或缺。专业素养的提升需要长时间的学习和实践，这使得机器难以完全代替人类。因此，人们要努力提升自己的专业素养，成为某一领域的专家，从而在职场中保持竞争力。

六是具备领导力。在一个组织中，领导力是推动团队前进、实现目标的关键因素。领导力包括对团队的管理、对员工的激励以及对资源的合理分配等。人工智能在这方面的表现仍有局限，而人类领导者可以通过情感共鸣、判断力和洞察力等因素来发挥领导作用。因此，人类领导者要培养自己的领导力，使自己具备在组织中发挥关键作用的能力，这是在人工智能时代保持竞争力的一个重要途径。

七是具备终身学习意识。科学技术的快速发展使得知识和技能日益更新。这就要求人们拥有终身学习意识，即人们要不断地学习新知识、更新观念、适应变化，从而使自己在职场中始终保持竞争力。

八是具备情感与共鸣。人工智能缺乏真正的情感和共鸣，而这恰恰是人类的一大优势。在服务行业、教育和医疗等领域，人类的情感关怀和同理心对满足他人需求具有重要意义。因此，人们要提高自己在这方面的能力，这将有助于自己在人工智能时代保持竞争力。

4.3.2　转换赛道：发现机遇

在人工智能时代，很多工作可能会被机器取代。然而，这并不意味着人类没有未来。事实上，人们可以通过转换赛道，选择那些人工智能难以取代的工作，从而发现新的职业机遇。以下就是一些人工智能难以胜任的职业方向。

4.3.2.1　创意产业

人类在创意方面的天赋是机器难以企及的。在艺术、设计、音乐、电影等创意产业中，人类的独特观点和情感表达具有无可替代的价值。因此，在这些领域，你可以发挥自己的创造力，探索新的职业机会。

以时尚设计为例，虽然机器可以根据数据分析流行趋势，但其无法理解人类对美的感知和追求。设计师可以根据自己的独特视角和审美观，为消费者带来令人眼前一亮的作品。此外，在电影、音乐、艺术等领域，人类的情感表达和创新精神同样具有无可替代的价值。想象一下，如果没有人类导演的电影，我们将失去那些让我们感动、反思和成长的经典之作。

4.3.2.2　企业战略和管理

虽然人工智能可以处理大量数据并为企业提供决策建议，但在战略规划和管理方面，人类的直觉、经验和洞察力仍具有独特优势。人工智能无法像人类那样洞察市场趋势背后的深层原因，挖掘出政策或社会变化影响下可能的商机，或者察觉到团队成员的心理异常。因此，人们可以考虑从事企业战略规划、市场分析、项目管理等工作，发挥人脑的决策优势。

比如，在项目管理方面，人类经理可以根据团队成员的特点和需求，调整管理策略，提高团队凝聚力和执行力。想象一下，如果项目经理是机器，可能很难理解团队成员的情绪波动和需求变化，以至于影响团队的整体效果。

4.3.2.3　人际沟通类

在销售、客户服务、公关等领域，人际沟通能力至关重要。机器虽然可以处理简单的交流任务，但在建立真诚的人际关系和处理复杂的情感问题方面，人类具有无法替代的优势。在这些领域，人们可以充分发挥自己的沟通技巧，抓住职业发展机遇。

以销售为例，优秀的销售人员不仅需要具备产品知识和市场分析能力，还需要建立真诚的人际关系。他们可以通过察言观色，了解客户的需求和疑虑，提供个性化的解决方案。如果销售人员是机器，客户可能会觉得缺乏温度和真诚，从而影响购买决策。

4.3.2.4　心理健康

心理健康领域的工作通常涉及敏锐的洞察力、同理心和丰富的人际互动经验，这些是机器难以模拟的。心理治疗师、咨询顾问等职业可以帮助人们应对压力、解决心理问题，这类工作在人工智能时代依然具有很高的需求。

以心理治疗师为例，他们需要深入了解患者的内心世界，提供个性化的治疗方案。一个好的心理治疗师会倾听患者的痛苦，理解他们的感受，并用温暖的话语为他们提供支持。如果心理治疗师是机器，患者可能会觉得对方冷漠，从而影响治疗效果。

同样，职业规划顾问需要了解每个求助者的个性特点、兴趣爱好和职业目标，提供切实可行的建议。优秀的职业规划顾问会通过真诚的交流，激发求助者的信心和潜能，帮助他们找到适合自己的发展道路。如果咨询顾问是机器，求助者可能会觉得缺乏人情味和关怀，从而对建议产生怀疑。

4.3.2.5　教育

教育不仅仅是传授知识，更重要的是激发学生的兴趣，培养他们的创造力和创新性思维。优秀的教育工作者往往具有深厚的专业素养、丰富的教育经验和高度的教育热情，这些特质使教育工作者难以被机器代替。教育行业因此成为一个值得关注的职业发展方向。

4.3.2.6　医疗保健

虽然人工智能在医疗保健领域（如辅助诊断、病理分析等方面）已经发挥了很大作用，但医生、护士和其他医疗保健专业人员仍然具有无可替代的价值。他们需要处理复杂的病例，与病人建立信任关系，提供个性化的治疗方案。在这些领域，人们可以通过不断学习和实践，掌握专业技能，开辟新的职业道路。

4.3.2.7　技术研究与开发

尽管人工智能在许多领域取得了巨大进步，但仍有许多未知领域等待人类去探索和创新。从事技术研究与开发工作的专业人士，可以为人工智能领域提供新的理念、方法和应用。此外，网络安全、数据分析等技术岗位也将继续受到企业的青睐。

4.3.2.8　社会工作与志愿者服务

在社会工作和志愿者服务领域，人类的同理心、关爱和奉献精神更加重要。从事这些工作的人们可以为弱势群体提供帮助，推进社会公平与正义。虽然这些工作可能不会带来丰厚的经济回报，但它们对个人成长和社会进步具有深远意义。

4.3.3　人机协作：实现共赢

当然，在人工智能时代，人们无论提升职业技能还是选择新的赛道，都无法避免会与人工智能一起工作。

因此，人机协作可能才是一个必然选择，毕竟共赢是每个人都乐见其成的结果。

随着人工智能技术的快速发展和普及，越来越多的领域开始采用人机协作的方式，以实现更高效、更精准、更便捷的工作流程。

人机协作的最大优势是将机器的智能与人类的专业知识和经验相结合，形成互补、协同的工作方式。

在人机协作中，人类和 AI 系统各自发挥自己的优势。AI 系统可以执行大量重复性、高度计算性的任务，提高工作效率，减轻人类的负担。同时，AI 系统可以通过不断学习和优化，提高自身解决问题的能力。人类则可以利用自己的创造力、经验和洞察力，解决复杂问题，指导 AI 系统不断改进。这种互补性使人机协作具有很高的潜力，可以在很多领域创造价值，形成一个低成本、高效率的共赢局面。

让我们把视线转向企业老板的角度。在人机协作的模式下，智能机器人承担了很多工作任务，这就意味着企业可以节省大量的人力成本。不仅如此，由于工作效率的提升，企业的整体运营成本也会降低。这种成本的减少并不会导致效率的降低，AI 机器能够迅速处理那些让人头疼的、重复性的琐事，帮员工省下了大量时间。这时，员工可以专注解决那些有挑战性、需要创新思维的问题。这样，工作效率自然大幅度提升。

以财务工作为例，人机协作主要表现为财务人员与财务机器人、自动化工具、智能软件系统等 AI 工具共同完成记账报税、财务报告、预测分析、风险控制等任务。

在任务分工方面，财务人员负责处理复杂、需要创新思维和判断能力的任务，如制定财务策略、解决非标准问题等；AI 工具则负责执行重复性、规律性强的任务，如数据录入、财务记账、计算和整理等。在某些任务上，财务人员与 AI 工具还要协同作战，共同分析和解决问题。例如，在进行财务预测时，财务人员可以根据市场情况和公司战略调整模型参数，AI 工具则可以快速进行计算，提供预测结果。

在人机协作过程中，财务人员不断提供反馈，改进智能系统的性能。同时，AI 工具通过学习和总结经验，提升自身能力。AI 工具自动完成烦琐任务，大大减轻了财务人员的负担，使他们有更多时间投入高价值任务中。AI 工具具有较高的准确性，这也能够有效减少人为失误，减少差错成本，降低财务风险。

那么，如何走好人机协作这条路呢？

首先，人们要学会与 AI 工具共事，就像与一个新同事相处一样。

其次，人们要善于运用自己的优势，让自己的智慧和情感在这场人机协作中发挥关键作用。人们要灵活地运用的创造力、沟通能力和同理心，让人机协作的成果更加出色。

最后，人机协作是一场持久的马拉松，人们需要不断地学习和进步。人们要像一个永远在学习的学者，始终保持好奇心，勇敢地探索未知。在这个过程中，人们不断地挖掘自己的潜力，将变得越来越强大。

4.4　人机协作在三大产业的应用

4.4.1　第一产业：AI+ 农业

自古以来，农业一直是人类生存和发展的重要基石。然而，在传统农业中，人们需要付出大量的劳动才能完成耕作、种植、收获等工作，这无疑是一项艰巨的任务。随着科技的发展，人工智能和机器人技术正逐渐改变着这一现状。

下面让我们先来看看农业机器人（图 4-6）。

农业机器人已经能做很多事情，如耕地、收割、包装等。但大部分的农业机器人都是自动化的，也就是说，它们只会按照预设的程序执行任务，没有办法跟农民互动。这就好像是一个不能沟通的外星人，虽然能完成任务，但可能并不是最高效的。

图 4-6　农业机器人

　　不过，它们中间也存在一些能与人沟通协作的农业机器人，像"邀博""优傲"和"艾利特"这样的农业机器人就是其中的佼佼者。它们不仅能执行任务，还能与人类进行交流，提高工作效率。

　　现在，我们来聊聊这些协作型农业机器人有哪些应用价值。

　　一方面，协作型农业机器人可以解决农村劳动力不足的问题。由于越来越多的年轻人去城市发展，农村的劳动力变得十分紧张。这时候，这些能与人协作的农业机器人就能挺身而出，分担农民的一部分工作。

　　另一方面，协作型农业机器人还能适应各种农作物的生产。无论种植水稻、小麦还是蔬菜，协作型农业机器人都能派上用场。其可以帮助农民精确地施肥、灌溉和收割作物，提高农作物的产量和质量。

　　2019 年 8 月，世界人工智能大会在上海盛大开幕。本次大会以"智联世界　无限可能"为主题，吸引了来自全球各领域的优秀企业，展示了众多创新的 AI 技术与产品。其中，智能挑茶机器人的亮相成为一大看点。

　　在传统的茶叶加工过程中，人们需要通过手工挑选茶叶，确保其纯净无杂质。这个过程既费时又费力，且难以达到完美的效果。而智能挑茶机器人的出现改变了这一现状。它能够快速而准确地识别和拣除茶叶中的杂质，大大提高了茶叶的洁净度。这是因为智能挑茶机器人采用先进的认知视觉检测技术，能够识别茶叶中的各种杂质，实现茶叶加工生产线的自动化与智能化。

在 2019 世界人工智能大会现场，智能挑茶机器人进行了一场与人类挑茶工的竞赛。结果令人惊叹：在短短 5 分钟内，智能挑茶机器人的工作效率竟然是 3 位参赛者总和的 60 倍。这不仅证明了智能挑茶机器人的卓越性能，也揭示了传统茶叶加工行业向现代化转型的必要性。

当然，智能挑茶机器人只是人工智能在农业领域的一个例子。事实上，随着科技的进步，越来越多的农业机器人开始投入使用。这些农业机器人被应用于农业生产的各个环节，包括耕作、播种、施肥、灌溉、收割等，有望彻底改变农业生产模式。

人机协作在农业领域的发展前景非常广阔。随着科技的不断发展，未来的农业生产中将出现更多的智能化、自动化设备。这些设备会大大提高农业生产效率，提升农产品的质量，最终实现农业产业的现代化和可持续发展。在这个过程中，我们需要不断加大科技研发投入，加强国际合作，努力提高农业科技水平，为实现我国农业的智能化、现代化作出更大的贡献。

那么，当这些人工智能设备真正大面积投入农业生产时，它们能完成所有的事情吗？

答案是否定的，而人机协作的重要性就显露了出来。

就拿上面的智能挑茶机器人来说，智能挑茶投入使用后，人与其要如何相互配合呢？

智能挑茶机器人可以快速而准确地完成识别茶叶的工作，减少了人工识别的错误率和时间成本。同时，智能挑茶机器人不会感到疲劳，可以持续地工作，让茶农可以更加充分地利用自己的时间，从而提高了生产效率。而人的任务则是对智能挑茶机器人进行监督和管理，确保它能够正常地工作。在智能挑茶机器人出现问题时，人也需要及时处理和修复智能挑茶机器人，以保证其正常运行。另外，人还可以根据自己的经验和知识对智能挑茶机器人进行调整和优化，使其能够更好地适应不同的茶叶品种和环境变化。在整个过程中，人与机器人的配合可以形成一种优势互补的关系。机器人可以完成烦琐、重复和高强度的工作，而人可以发挥自己的专业知识和经验，对智能挑茶机器人进行管理和优化，让智能挑茶机器人更好地服务人类。

总之，人与人工智能在农业领域的配合是非常重要的，可以提高农业生产的效率和质量，为人类提供更好的生活条件。

4.4.2 第二产业：AI+ 制造业

我们不得不承认，工业是整个社会的生命线。厂房、生产线和机器虽然看起来毫不起眼，但是承载着整个社会的物质生产，为人类创造着财富。

在过去的几十年里，工业生产已经从手工操作向自动化、智能化方向发展。工业机器人被广泛应用于各个领域，然而它们通常需要在隔离的环境中工作，与人类之间缺乏直接的互动。这种局限性导致了传统工业机器人无法满足日益增长的生产需求。

随着制造业的发展，制造业对生产效率、柔性和智能化的要求越来越高。这就催生了一种新型的工业机器人——协作机器人。协作机器人相较传统工业机器人更加灵活、安全，可以直接与人类工作在同一环境中，从而提高了生产效率。

协作机器人具有安全性、灵活性、智能化的特点，如图 4-7 所示。

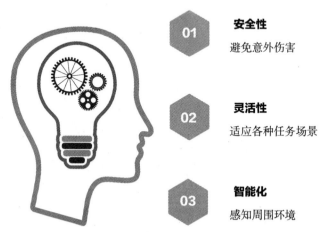

01 **安全性**
避免意外伤害

02 **灵活性**
适应各种任务场景

03 **智能化**
感知周围环境

图 4-7　协作机器人的特点

安全性：设计者在设计协作机器人时就考虑到了其与人类的互动，确保其具备更高的安全性。例如，当机器人发现周围有人接近时，可以自动减速或停止工作，以防止意外伤害。

灵活性：协作机器人通常体积较小，可以轻松地移动到不同的工作岗位。同时，其可以根据实际生产需求快速地更改任务，适应各种生产场景。

智能化：协作机器人配备着各种传感器和视觉系统，可以实时感知周围环境，并根据需要调整自身行为。这使得其可以更好地与人类协同工作，提高生产效率。

在协作机器人的配合下，人机协作成为现代工业生产的一种趋势。人机协作是指人类与机器人在一个共享的环境中协同工作，共同完成生产任务，涉及众多生产环节。具体生产环节如下。

第一，金属加工：协作机器人在金属加工过程中代替人工完成锻造、轧制、拉制钢丝、冲击挤压、弯曲、剪切等多个工序，减轻人力负担。

第二，抛光打磨：协作机器人自动更换不同粒度的砂纸，对工件进行粗磨、精磨、抛光。协作机器人自动卸除更换不同粒度的砂纸，一个工位用于打磨，另一个工位用于装卸工件，打磨抛光作业始终在水基环境中进行。

第三，装配：协作机器人在汽车装配线上与人类工作人员协同完成车门、车前盖、轮胎等部件的安装。工程师设定各项程序，协作机器人根据预设程序进行操作，提高装配效率和质量。

第四，机床上下料：协作机器人在纺织机床、金属加工机床等生产设备上实现了自动上下料，节省了人力资源，提高了生产效率。

第五，码垛/搬运：在制造业或快消品行业，协作机器人可以提高码垛速度，确保不损伤包装箱外观，准确地定位并稳固地进行码垛。此外，协作机器人还可以在物流中心进行搬运工作，提高物流效率。

第六，橡胶/塑料：在轮胎胎皮生产过程中，协作机器人可以代替人工完成下料工作。由于机器人可以连续工作，从长期来看，这将提高生产效率，降低生产成本。

第七，分拣：协作机器人在视觉引导下，对传送带上的物品进行跟随拣拾，然后分拣至不同的料盘。其特点是，视觉系统进行定位补偿，在线跟随抓取。

如今，人机协作在工业领域的应用已经取得了显著的成果，未来的协作机器人将具备更强的学习能力和适应能力，可以更好地与人类工作人员协同作业，提升生产的智能化、自动化水平，推动整个制造业迈向新的高度。

4.4.3 第三产业：AI+ 服务业

现在的服务业可不仅仅包括传统的餐饮、旅游、零售，还包括新兴的共享经济、在线教育、社交媒体等。

服务业是现代经济的一个重要组成部分，是国家和地区经济的核心竞争力之一。当前，它占的比重越来越大，甚至超过了传统制造业。服务业的快速发展不仅推动了经济的增长，也提高了人们的生活品质，促进了社会的和谐发展。

服务业是一个能够提供大量就业岗位的行业。在服务业中，人们可以找到不同的职业，如服务员、美容师、医生、教师、程序员、设计师等。

人工智能的介入为服务业打开了新的大门，其已经在许多领域发挥关键作用，其中包括客户服务、金融服务、医疗保健、教育和零售等领域。人工智能技术可以对海量数据进行分析，以提供更好的客户洞察、风险评估和个性化服务。例如，聊天机器人可以 24 小时不间断地为客户提供在线支持，通过自然语言处理技术理解客户的问题，并提供即时解答。

同时，人机协作的工作模式将成为服务业的主流，有利于为客户提供优质服务。人工智能和机器人不仅可以发挥辅助和支持作用，还能实现与人类的协同创新，从而提高服务质量。另外，在人机共生服务业中，个性化服务成为一大特点。通过对用户数据和行为进行深入分析，人工智能系统可以预测客户的需求和喜好，从而为客户量身定制服务方案。这一点在金融、医疗和教育领域尤为明显。

接下来就以客服这一职业为例，来谈谈服务业的人机协作。

在现代服务业中，人工客服和 AI 客服已经成为共同存在并相互协作的重要力量。

下面先将这两种客服的优势进行对比，如图 4-8 所示。

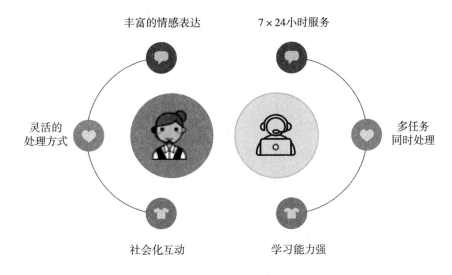

图 4-8　人工客服与 AI 客服的优势对比

人工客服与 AI 客服都有各自的优势，可以预见：二者紧密配合，相互补充，就能给企业带来 "1+1>2" 的效益。

那么要如何实现人机协作呢？

首先，人工客服和 AI 客服可以根据各自的特点进行分工合作。在这个过程中，AI 客服可以负责处理常见、简单的问题，人工客服则负责处理那些复杂、需要深入了解客户情况的问题。这样的分工能确保每个问题都得到恰当的解决，也能让客服团队更高效地工作。

在实际服务过程中，人工客服和 AI 客服可以实时协作，共同为客户提供支持。具体来说，人工客服可以实时监控 AI 客服的对话，并在必要时提供指导和支持。当 AI 客服遇到无法解决的问题时，人工客服可以迅速介入，帮助客户解决问题。这种实时协作能够确保客户始终得到及时、更好的服务。

此外，人工客服可以利用 AI 客服收集的大量数据进行深入分析，发现客户需求的变化和潜在问题。在这个过程中，人工客服和 AI 客服还可以相互学习和进化。人工客服可以通过观察 AI 客服的表现，学习新的知识和技能。同时，他们可以将在实际服务过程中积累的经验和知识反馈给 AI 客服，帮助其不断改进和进化。这种互补培训方式有助于提高整个客服团队的能力和素质。

当然，AI 客服收集的数据不仅可以用于分析客户需求，还能用来更好地管理客户关系。例如，AI 客服可以根据客户的购买记录、问题反馈和满意度评分等数据制定个性化的促销策略，从而提高客户的忠诚度。在某些需要专业知识的领域，如金融、法律和医疗等，人工客服可以充分利用 AI 客服的数据分析能力，为客户提供更有针对性、更专业的咨询服务。这样，人工客服和 AI 客服可以共同为客户提供全面、精准的解决方案，进一步提升客户的满意度。

在这种人机协作的客服模式下，人工客服和 AI 客服通过分工合作、实时协作、数据分析与改进、互补培训、客户关系管理和高级咨询服务等方式，可以共同为客户提供更高效、更贴心的优质服务。

上面只是在应对客户咨询过程中的一个简单的人机协作例子。在未来，随着人工智能技术的进一步发展和应用，人机协作将更加高效，带给人们前所未有的服务体验。这也将成为服务业发展的一个重要趋势，有利于推动整个行业迈向新的高峰。

第5章

思维：人机共生下的
认知与创新

从最初的计算机辅助设计和简单的数据处理到高度智能化的系统，再到 ChatGPT 这种实时互动的 AI 模型，人工智能已经对人类的思维方式和认知产生了深刻的影响。在一些领域，人工智能甚至已经超越了一般人的认知能力，为人们提供了更准确、更快速的决策依据。需要注意的是，依赖人工智能并不意味着人类的思维完全被取代。相反，人工智能可以作为一种工具，协助人们更好地解决问题，挖掘潜在的创新点，进而实现人类思维与 AI 的优势互补。因此，在这样一个快速变革的时代，人们需要重新审视人类思维的本质。

5.1 人工智能辅助决策与思考

5.1.1 排除情绪干扰

不得不承认，人类有时候是情绪的奴隶。当愤怒、悲伤、兴奋等情绪充斥着人们的大脑时，人们的决策能力就可能被大大削弱。

反观人工智能，它就像一个永远冷静的智者。因为它没有情感、情绪和自我意识，只是按照预定的算法和程序执行任务，不会因外部环境的变化、个人喜好或情绪波动而改变行为。因此，人工智能是有可能做到帮助我们排除情绪干扰，进行明智决策的。那么，如何做到这一点呢？

简单来说，人工智能是通过大量的数据、强大的计算能力和精妙的算法，让决策变得更加科学和精确。它可以根据人们提供的信息，在人们感到困惑、矛盾、情感波动时，为人们分析利弊，为人们提供客观、理性的建议，帮助人们从繁杂的信息中筛选出最重要的部分，让人们能更加明智地作出决策。而且，它能不断地学习和进化，让人们的决策变得越来越高效。

假设李先生最近想学习投资，于是关注了一些股票。一次偶然的机会，他遇到了一位很久不见的客户，这位客户了解到李先生最近在关注投资，于是向他推荐了一只股票，并告诉他这是一个绝佳的投资机会。这只股票看起来近期涨幅不错，出于对客户的信任和对投资收益的追求，李先生内心很想要跟随他一起购买这只股票。然而，李先生并没有关注、分析过这只股票，相关金融知识也比较匮乏，担心自己上当受骗，一时间拿不定主意。在这种情况下，李先生想到了手机里的人工智能分析系统，输入信息之后，系统工具收集并分析了该股票公司的基本信息，如财务报表、市场份额、竞争情况等，并对未来的收益和风险进行了评估，还对股票市场的大环境进行分析，发现这只股票的潜在价值被严重高估了，购买这只股票存在较大风险。于是，AI 建议李先生谨慎考虑，同时提供了其他更适合他的投资选项。通过 AI 的客观分析和建议，李先生排除了情绪干扰，放下了对投资收益的高度执念，客观分析了自身的资产状况和风险承受能力，作出了更明智的投资决策。

从上面这个例子可以看出，情绪的干扰对人们的决策影响是很大的。很多时候人们会因渴望回报、对朋友的信任、对产品的喜爱而冲动消费。而通过人工智能的客观分析，人们能够迅速发现真实情况，让头脑冷静下来。

不只是对个人，对企业而言也是如此。过去企业的决策基本靠管理者的经验、洞见。不能否认很多管理者都有独到的眼光，但是因为情绪影响和信任问题导致决策失误的情况并不罕见。一旦管理者的情绪、偏见、信任问题等影响到决策，带给企业的损失是不可估量的。特别是一些中小企业，一个错误的决策就可能让自身面临破产的风险。

人工智能的介入就可以很好地帮助企业决策者排除情绪的干扰，通过快速分析大量的数据，识别出隐藏在数据中的模式和规律，帮助企业决策者更好地利用数据了解市场和客户需求，提高决策的科学性和准确性，制定更合理的战略。

不过，人工智能技术也有其局限性，它不能完全替代人类作出决策。因此，在使用人工智能技术辅助决策时，管理者要通过自己的判断和决策能力来权衡人工智能系统提供的信息，并作出最终决策。

5.1.2　打破思维局限

为什么说人工智能可以帮助人类打破思维局限呢？我们可以从以下三个方面来具体了解。

第一，人类的思维受制于生理和认知的桎梏，是难以在短时间内操控海量数据的。AI则不同，其能以惊人的计算力量，在短时间内剖析大数据，揭示潜在的规律和趋势。

比如，在前面李先生投资的例子中，AI就能深度挖掘股票的历史数据，为投资者呈现精确的预测和明智的建议。当然，并不是人类就做不到这一点，而是人类需要付出超长的时间和更多的精力才能完成如此庞大又精密的计算，AI则只需短短几分钟，甚至几秒，且数据准确。可见，AI具有惊人的数据分析与处理能力，其不仅能应用于投资方面的决策，在紧急救援和灾害应对场景中更能显露出自身价值。AI 可以迅速分析现场情况，为救援人员提供最佳救援方案，最大限度地降低损失。

第二，除了情绪这一干扰外，偏见也是影响人类决策的一大阻碍。偏见可以是内在的，也可以是外在的，来源于文化、经验、信仰、性别、民族、阶级等方面。当做决策时，人类往往会受到偏见的影响，无法始终处于完全客观的角度去考虑所有的事实和证据。

例如，当招聘人员在决定是否聘用某个人时，可能会受到性别、年龄、外貌等因素的影响，而不是仅仅考虑申请人的能力和经验。这会影响人们的决策，可能导致人们作出不公正或不明智的决策。因此，人们应该尽可能地意识到偏见的存在，并努力避免其对决策产生负面影响。

事实上，人工智能也存在偏见，如果数据存在偏差或者数据集的范围过于狭窄，那么人工智能就可能存在偏见。另外，如果开发人员有某种偏见，那么这些偏见也可能会在人工智能中体现。

曾经一个 AI 招聘系统就因为对女性候选人有偏见而被废弃。该系统的训练数据是由某些企业以往成功招聘的员工数据集构成的，这些数据中男性员工比女性员工数量多，导致该系统在对女性候选人的简历进行筛选时出现偏见。

为了解决这些问题，AI 开发人员在设计数据集时要避免偏差，并且确保数据集具备多样性。此外，AI 开发人员应该采取其他技术手段，如反偏差算法和可解释性 AI 技术，以确保 AI 公正、准确和透明。

这里强调的并不是 AI 不具有偏见，而是这种偏见可以被改变，而人类根深蒂固的某些偏见很难被改变。所以，在某种程度上，AI 可以帮助人类意识到偏见的存在，从而更好地进行决策。

第三，人类的知识面受教育背景、经验等因素所限，很难全面涉猎所有领域。而 AI 能轻松整合不同领域的知识，为决策提供更为丰富、多元的视野。比如，在城市规划中，AI 能够综合考虑交通、环境、经济等诸多因素，为规划者呈现科学、合理的城市规划方案，从而建设和谐宜居的未来之城。

当人类在面对复杂问题，因思维定式陷入僵局时，AI 的出现就可能为人类打开跨领域思维的大门，提供前所未有的可能性。尤其在科研领域，AI 能够协助研究人员挖掘潜在的创新点，推动技术突破，加速人类对未知领域的探索。

5.1.3 统筹与调度

无论企业还是个人，都是在充分利用好现有资源的基础上创造价值的。在当今这个信息爆炸的时代，企业面临着越来越多的挑战。如何在众多竞争对手中脱颖而出，资源的利用效率成为企业与个人成功的关键因素之一。

人工智能技术的发展为企业决策带来了新的机遇，可以弥补人们在决策过程中可能遗忘或忽略的信息，使企业决策更加合理。

具体来说，人工智能通过高效的计算和存储能力，能够确保每一个细节都被妥善处理和记录。通过人工智能深入挖掘和分析大量数据，企业能更好地了解市场动态和客户需求，作出更加合理的决策。同时，人工智能具有强大的实时监测和预测能力，可以帮助企业提前发现问题，并及时调整策略。这样可以确保企业资源得到充分利用，提高工作效率和降低运营成本。

下面以一个智能仓储管理系统为例展开介绍。

176

在人工智能出现之前，企业管理总得面对各种棘手的问题，如库存管理乱糟糟、物流调度慢吞吞、人工成本高得吓人。但是，有了智能仓储管理系统，这些问题都可以迎刃而解。

首先，智能仓储系统就像一个掌握先知能力的大数据分析师，能实时监测库存状况，预测产品需求，为企业提供精准的库存管理建议。这样，企业生产计划就能迅速调整，保证供应链畅通无阻，让库存不再堆积如山。

其次，智能仓储系统拥有较强的机器学习能力，能自动优化货物的存储位置和拣选顺序。这样，仓库的空间利用率提高了，拣货人员的走动时间减少了，大家都能高效地工作。

再次，智能仓储系统还能和各种物流设备（如自动化货架、无人搬运车等）成为"搭档"，共同打造自动化、智能化的物流调度，如图 5-1 所示。这样就能少依赖人力，降低物流成本，让效率飞起来。

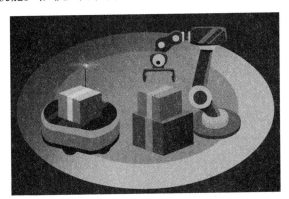

图 5-1　AI 搬运与智能调度

最后，智能仓储系统可以根据天气、交通状况、客户需求等，帮助企业制订合理的运输方案，为企业推荐最佳的运输路线和时间安排。这样，运输成本降低了，效率也提高了。

总之，算无遗策的人毕竟是少数，有了人工智能的帮助，可以让大多数企业管理者和个人充分掌握自身的所有资源，包括外部的信息，更好地利用资源创造价值。

5.2 教育的公平与个性化

5.2.1 实现教育公平

将 AI 引入教育领域，有利于实现教育公平。那么，AI 是如何发挥其神奇力量的呢？

这就需要认识一下 AI 在教育领域的得力助手——在线课程，如图5-2 所示。

图 5-2　在线课程

在线课程出现后，教育资源以一种前所未有的方式在全球范围内迅速传播，消除了教育资源分配不均的困扰，为那些位于偏远地区的人们提供了获取优质教育的机会。无论人们身在何处，只要有网络连接，就能随时随地打开通往知识殿堂的大门。

想象一下，你坐在家里的沙发上，手里捧着平板电脑，就可以观看世界顶级大学的课程，向世界一流的教授请教问题。这是多么美好的事情！

这就是在线课程的灵活性，让教育资源得到了更高效的利用，打破了时间和空间的束缚，让更多人能够充分利用零碎时间，自主安排学习进度，从而提高了教育资源的利用效率。

此外，在线课程的互动性也让学生和教师之间的沟通变得更加便捷。通过实时的在线讨论和问答环节，学生可以在第一时间解决疑惑，提高学习效果。同时，教师能通过这种方式更好地了解学生的需求，调整教学方法，使教育资源更加贴近学生的实际需求。

值得一提的是，在线课程的普及还为那些生活在偏远地区的教师带来了专业成长的机会。他们可以通过在线课程学习先进的教学方法，提高自己的教育水平，从而让更多的学生受益。

在在线课程的助力下，AI 将充分为教育成本减负。这是怎么回事呢？

传统的教学资料制作往往需要大量的人力、物力，而 AI 能够利用大数据和机器学习，自动分析、归纳和整理知识，快速生成各种教学资源。这样，教育资源的生产成本大幅度降低，能使更多的学生享受到优质的教育。

同时，AI 可以帮助教师减轻工作负担。教育不仅仅是向学生传授知识，更需要对学生进行思维引导。在传统的教育模式下，教师很难在短时间内了解每个学生的特点和需求。而 AI 可以通过大数据分析，快速发现学生的兴趣、优势和不足，从而帮助教师更精准地开展教学工作。这样，教师就能有更多的时间和精力关注每一个学生，进而提高教育质量。

AI 还改变了教育评估的方式。传统的考试评估往往存在一定的主观性，而 AI 可以通过大数据分析和机器学习，使教育评估产生更客观、公正的结果。它可以实时跟踪学生的学习过程，从而提供更全面、更精确的评估结果。这样，不仅有助于激发学生的学习积极性，还能为教师提供更多关于学生的信息，帮助教师调整教学策略。

总之，通过在线课程，AI 和教育的结合实现了教育公平，让更多人享受到了 AI 的福利，也让更多人感受到 AI 的魅力，适应了与 AI 共生的环境，这为人们思维方式的转变奠定了基础。

5.2.2　个性化教育

因材施教，自古有之。用现在的话来说，因材施教就是个性化教育。这也是困扰当代教育事业发展的一大难题。

过去，课堂就像一个大家庭，教师就是家长，负责照顾每一个学生（图 5-3）。然而，每个学生都有各自的性格、兴趣和天赋。教师希望学生都能成才，但是由于时间和精力有限，只能"一刀切"地教导他们。这属于线性的教学方式。

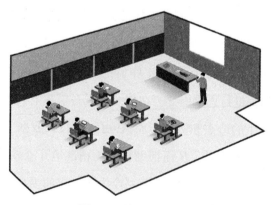

图 5-3　传统课堂教学

　　线性教学就好比一列火车，火车从起点开往终点，沿途按照固定的时间表和速度行进。所有的乘客都必须按照火车的速度前进，不能有任何偏离。传统教育就是这样，所有的学生都必须跟着教师的节奏学习，不能有丝毫的差距。但是，学生各自的学习能力和兴趣千差万别，这就导致了很多学生跟不上课堂的进度，或者对课堂内容不感兴趣。

　　可惜的是，教师的时间和精力有限，很难为每个学生提供个性化的教育。想要让每个学生都能享受到个性化教育，用传统的方法几乎是不可能实现的。因为个性化教育与传统教学之间存在矛盾，这个矛盾的核心是教育成本。

　　AI 的介入有利于降低教育成本，实现个性化教育。

　　当教育成本问题得到有效解决后，个性化教育就不再只是一个口号，而成了一个切实可行的努力方向。这就要谈到个性化教育怎么开展的话题。

　　个性化教育与传统教育有很多不同之处，其中最大的不同就在于"教"与"学"的顺序。

　　传统教学在成本的控制下，基本是以教定学，而个性化教育要颠覆这一顺序，实现以学定教。以学定教强调以学生的需求为中心，充分尊重每个学生的个性，由 AI 提供个性化的教育资源。

　　那么，"以学定教"是如何赋能个性化教育的呢？

　　首先，利用 AI 技术，实施"以学定教"，可以让学生根据自己的兴趣和需求来选择学习资源，而不是被动地接受教师的安排。这样，学生能够在学习过程中保持积极主动的态度，全身心投入学习中。

　　其次，利用 AI 技术，实施"以学定教"，可以让教师根据学生的个性来调整教学方法和策略。教师可以针对每个学生的特点进行教学，让学生在最适合自己的环境中茁壮成长。这不仅能提高学生的学习效果，还能让教师更好地了解学生，与他们建立更深厚的师生关系。

最后，利用 AI 技术，实施"以学定教"可以让学生自主探索，充分发挥自己的创造力和想象力。学生可以在学习过程中不断尝试、发现和创新，从而培养自身的独立思考能力和解决问题的能力。

此外，基于人工智能的个性化教育还能帮助学生建立更为完善的自我评价体系。通过系统的实时评测和反馈功能，学生可以及时了解自己的学习进度和问题，调整学习策略，从而提升提高学习效率。

综合来看，"以学定教"的教育理念将学生的需求和特点放在了首位，让教育变得更加贴近每个人的实际情况。而采用人工智能技术，实施"以学定教"，可以更好地实现个性化教育，让每个学生都能在最适合自己的环境中茁壮成长。

5.2.3　个性化学习

当今社会，个性化学习潮流席卷而来。而这场潮流的主导就是 AI 智能学习系统。在这个充满创新和智能的时代，学生们可以充分利用 AI 技术开展个性化的学习。

智能学习系统会根据学生的学习数据为他们提供个性化的反馈，学生可以通过该系统了解自己的学习特点。有了对自己的了解，学生就能为接下来的学习做好准备。

在明确自己的需求和目标后，学生可以借助 AI 制订个性化的学习计划，这些计划可能包括课程选择、学习进度安排、学习方法选择等方面。有了合适的学习计划，学生就可以有针对性地进行学习，提高学习效率。

在学习过程中，学生可能会遇到各种问题，这时他们可以借助 AI 获取针对性的学习资源，如相关的课程、教材、习题、视频等。通过这些资源，学生可以更好地解决问题，巩固所学知识。同时，学生可以利用 AI 进行智能练习和评估，如根据答题情况，由 AI 推荐适合学生的题目，让他们在练习中更好地提升自己各方面的能力。另外，AI 还可以为学生提供及时的反馈和评估，帮助他们了解自己的学习进度，从而调整学习策略。

下面让我们畅想一下未来利用 AI 学习钢琴的场景。

假设有一天，你得到一架漂亮的钢琴，但由于学习繁忙或工作任务重，抑或是承担不起钢琴面授课程的成本，于是找来一款 AI 钢琴教学软件。这款软件具有非常人性化的功能，先对你进行了一次简单的钢琴水平测试，以了解你的基础水平。测试完成后，该软件通过对话聊天了解了你平时的作息时间，然后定制了一套个性化的钢琴学习课程，让你可以按照自己的进度、兴趣和时间安排来学习钢琴。

在学习过程中，AI 钢琴教学软件实时关注你的学习进度。每当遇到难题时，通过与 AI 钢琴教学软件对话你会获得详细的解答和示范，让你能够快速掌握技巧。同时，AI 钢琴教学软件还会根据你的表现，自动调整课程难度，确保始终适合你当前的水平。

值得一提的是，AI 钢琴教学软件还有一个让人爱不释手的功能——智能伴奏。在这个功能下，你可以选择自己喜欢的曲目，AI 会提供相应的伴奏，让你仿佛置身于一个专属的音乐会现场，在享受学习乐趣的同时，更好地提高自己的演奏水平。

每当你完成一首曲子，AI 钢琴教学软件都会进行评价和鼓励，让你对学习充满信心和动力。此外，该软件还有一个社交功能，通过此功能，你可以与其他使用 AI 钢琴教学软件的人互动，分享彼此的学习心得和成果，共同进步。

通过这个例子可以看出，AI 技术应用于教育领域的巨大潜力。它不仅能够为学生提供个性化的学习方案，还能让学习变得更加有趣和轻松。

5.3 跨学科思维与跨界合作

5.3.1 学科内卷

"内卷"这个词和人们的日常生活紧密相连。它揭示了当下社会中许多人面临的情况：无休止地忙碌，竞争激烈，却又缺乏实质性进步。

内卷有点像一个巨大的旋涡，把我们卷进了一个看似不断前进，实际上却原地踏步的循环。在这个旋涡中，大家都拼命努力，却往往忽略了真正的自我成长。

生活中，人们可能在工作、学习、社交等方面都能感受到内卷的影子。有时候，人们忙得团团转，却发现自己似乎没有取得什么实质性的成果。这种现象反映出人们在一定程度上陷入了内卷的旋涡。

为了跳出内卷的旋涡，人们需要重新审视自己的目标和价值观，试着开阔视野，寻求真正有意义的成长，而不是仅仅追求表面的成就。人们要关注自己的内在发展，挖掘自己的潜力，努力提升自己的核心竞争力，同时学会合理安排时间，保持生活与工作的平衡，充实自己的精神世界。

学科领域通常存在学科内卷的现象。学科内卷是指某一学科或领域内部的竞争、评价标准与价值观过于狭隘，导致学科内部出现大量同质化的研究和重复性的工作，忽视了多元化的发展和创新。这种内部竞争和过度追求表面成果的现象最大的弊端就是会阻碍各领域研究者的思维拓展。研究者过于专注自己的研究领域，忽视了跨学科交叉的可能性和重要性，这本质上是一种思维的桎梏。

学科内卷在某种程度上是学科细分和专业化的副产品。俗话说"隔行如隔山"，过于专业化的学科和领域，导致研究人员难以跨学科进行研究，从而影响了学科内部的多样性和创新，使学科内部出现了大量同质化的研究和重复性的工作。这些工作没有太多的价值，却浪费了大量的时间和资源，影响了学科的发展和进步。

5.3.2　以人工智能为核心的跨学科融合

为了避免学科内卷的情况持续存在，改变思维才是根本——学科交叉和融合即出路。这样可以打破学科之间的壁垒，促进不同学科之间的交流和合作，增强创新能力和创造力。例如，将人文与自然学科相结合，可以使人们更好地理解人类与自然的关系，探索人类社会的发展与演变。

人工智能时代的到来显然加快了跨学科融合的思维转变。各个学科都在寻求新的突破，其中就有人工智能与其他学科的"跨界融合"。这为相关研究提供了更好的工具、技术和逻辑思维支持，推动了各学科的发展和进步。

下面以人工智能与人文学科的融合为例，展开详细的跨学科融合探讨。

近年来，人工智能领域的发展可谓突飞猛进，让人目不暇接。特别是在语言智能和图神经网络等方面，取得了令人瞩目的成果。这不仅给相关人文学科带来了革命性的工具，还为人文研究提供了全新的视角。

比如，大规模预训练语言模型是近期语言智能领域的大热门，ChatGPT 就属于此列。这种模型让机器能够在一定程度上理解人类语言，对历史、语言、心理、政治、传播等学科产生了深远的影响，翻开了人类文明发展的崭新篇章。

以前人们查找资料或分析文本需要耗费大量的时间和精力。现在，有了大规模预训练语言模型的帮助，人们可以快速地进行文本分析、生成摘要。可见，大规模预训练语言模型是提高工作效率的利器。

当然，我们不能忽视图神经网络技术的重大突破。这种技术可以捕捉复杂网络系统中的隐性传播模式，是传播分析领域的革命性发明。图神经网络技术一旦被应用到实际传播场景中，有可能颠覆现有的传播规律，让人们重新认识这个世界的运作方式。

正因如此，人工智能与人文学科的交叉与融合被认为是跨学科融合的重大使命。人们不能仅仅关注机器的智能水平，还要关注人类生存与发展的重大问题。只有让人文与智能共舞，人们才能真本提升机器的智能水平，进一步刷新人类的自我认知。

人工智能和人文学科的融合不是单向的，也不是表面的，而是全面的、深层次的。人文学科也为人工智能的发展提供了指引，比如陪伴型 AI、家政型 AI、司法型 AI、创作型 AI 等，这些 AI 机器要想好好为人类服务，就必须了解人类和社会的本质。

AI 机器的发展不应该脱离人类的认知，人类对自身的理解，对社会现象的理解都是建立在传统的人文学科基础之上的。机器要更加智能，就要理解人类的本质，提高对人类社会的认知水平。这样，机器才能更好地融入人类的生活，为人类服务。

不过，有些人可能认为可以跳过理解人与智能的本质，直接实现外在类人的机器智能。

其实不是这样的。比如，AlphaGo 挑战人类围棋冠军成功之后，深度学习给人们展示了它强大的解决问题的能力，有人难以理解这种机制，认为 AlphaGo 其实并不懂围棋，但是获得了胜利。这种"不理解也能实现"的现象可能只是从人类视角出发而无法理解罢了。对于 AI 而言，其具备能够成功解决问题的深度模型，具备一定的理解能力，这种能力也只是超越了大众的理解。

AI 能够实现无限接近人类智能的能力，也意味着 AI 对人类认知能力的逼近。

人类对新概念的使用越来越多。但是，人们对这些概念的理解还是不够深入，需要人文学科的指引与协助。只有完成对人的本质的追问、对智能本质的追问、对意识本质的追问，人们才能让机器更加接近人类个体的智能。

对于人工智能科学家而言，在人文学科领域进行思维拓展是个不错的选择，有利于增强向机器迁移人类认知能力的信心。对于人文学科而言，面对人工智能的兴起，人文学科必须大胆回应机器对人类认知能力提出的严峻拷问，勇于突破传统思维方式，敢于打破现有条条框框，拥有推倒重建的气魄。这样，人工智能与人文学科的融合才能更加深入。

总而言之，人工智能和人文学科的融合不仅仅是一场技术革命，更是一场思想碰撞和文化交融。人工智能的发展需要人文学科的启示和指引，人文学科也需要人工智能的推动和拷问。只有双方共同协作，才能让人工智能更好地为人类服务，也才能让人工智能和人文学科的融合促成思维的升华。

未来，人工智能在跨学科融合过程中还将继续扮演重要角色。以人工智能为核心，各学科之间的交叉研究会让传统领域的界限变得模糊，从而促进知识的整合和创新。在这个过程中，人工智能不仅促进了新技术的发展，还为人们提供了更高效、更可靠的解决方案，从而推动了各领域的发展。

5.3.3　跨界合作思维

跨界合作思维强调综合运用多学科知识和技术，以全面、立体的方式解决问题。这种方法可以提高解决问题的效率和质量，取得更好的社会效果。

此外，跨界合作思维有利于人们掌握多学科知识，开阔视野，形成跨学科的思维方式。在全球竞争日益激烈的背景下，这种跨界合作思维可以帮助企业、机构和国家提高创新能力，增强竞争优势。通过跨界合作，各方可以互补优势，共同发展，实现可持续的竞争力提升。

在人工智能时代，跨界合作思维变得尤为重要，它能使人们跳出原有的思维框架，通过跨学科、跨行业、跨领域的合作，共同探索创新的解决方案。

这种跨界合作思维可以帮助人们从不同的角度看待问题，结合各领域的优势资源，形成独特的创新点。多元化的视角有助于找到更加有效和可行的解决方案，从而推动技术和社会的发展。

同时，这意味着各领域的专家、企业和机构可以共享知识、技术和资源，形成协同创新的生态系统。这种资源共享有助于提高研究效率，降低创新成本，加速技术推广和应用。

　　下面为"智慧农场"的虚构公司为例，看看如何运用跨界合作思维，将人工智能与农业相结合，创造出一个革命性的农业生态系统，如图 5-4 所示。

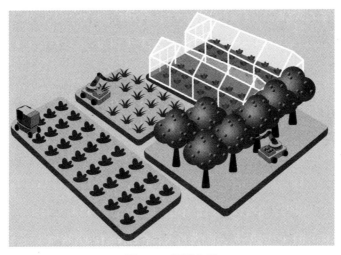

图 5-4　智慧农场

　　智慧农场是能够实现作业流程少人化、生产流程数字化的农业项目，目标是将农业和高科技相结合，解决全球食品生产和可持续发展的挑战。为了实现这一目标，人工智能、生物科学、农业、气象学等多个领域的专家组成了一支多元化的团队，研究智慧农场的构建。

　　智慧农场研究团队通过研究现有的农业数据，发现了一些影响农作物产量和质量的关键因素，如土壤、气候、水资源等。他们利用人工智能技术，如机器学习，深入挖掘这些数据，找出了其中的规律和趋势，为农作物生长提供了更好的条件。

　　生物科学家研究了如何利用先进的基因编辑技术，培育出更耐病、抗逆、高产的作物品种。他们与人工智能专家紧密合作，利用数据分析，预测这些新品种在不同环境条件下的表现，从而为农民提供更科学的种植建议。

气象学家开发了气象预报系统，实时为农民提供天气信息，帮助他们提前做好防灾准备。

此外，智慧农场还与农业专家合作，运用物联网和无人机技术，实时监测农田的生长状况，为农民提供精准的灌溉、施肥和病虫害防治方案。

在这个过程中，智慧农场研究团队充分发挥了跨界合作思维的优势。他们深入了解各自领域的知识，相互学习，最终成功地将人工智能技术与农业生产相结合，为农民提供了一整套科学、高效、环保的农业解决方案。

为了进一步提高农业生产效率，智慧农场引入了机器人和自动化技术。智慧农场还与机器人工程师和自动化专家紧密合作，研发了一套智能农业机器人系统，负责农田的种植、管理和收割工作。这些机器人可以根据实时数据，自动调整作业参数，实现精确施肥、灌溉和除草，大大提高了农业生产效率，降低了劳动力成本。

在食品安全方面，智慧农场联手食品科学家和供应链专家，运用区块链技术，打造了一个透明、可追溯的食品安全监管体系。从种植、养殖到加工、销售，每一个环节的信息都被记录在区块链上，以确保食品质量和安全。消费者只需扫描产品上的二维码，就能获取完整的食品来源信息，从而增强了消费者对食品的信任。

智慧农场还关注农业产业的可持续发展。智慧农场与环保专家共同研究了如何利用清洁能源和循环经济理念来减少农业生产过程中的环境污染。例如，利用太阳能、风能为农业机械提供动力，将废弃农作物转化为生物能源等。这些举措有助于降低农业对环境的影响，实现农业可持续发展。

智慧农场的故事充分展示了跨界合作思维的强大力量。在这个过程中，来自不同学科和领域的专家携手合作，共同研究、创新，最终创造出一种全新的、可持续的农业生态系统。

这一例子告诉人们，在人工智能时代，跨界合作思维不仅可以推动技术和产业的创新发展，更能取得更广泛的社会价值。

除了智慧农场这个例子之外，未来还会有许多令人大跌眼镜的跨界合作。以下是一些跨界合作畅想。

一是跨界医疗：把游戏行业与医疗行业结合起来。游戏化康复是一个创意跨界合作，将虚拟现实（VR）和增强现实（AR）技术引入康复治疗，使患者在有趣的游戏场景中进行康复训练。这种跨界结合使康复治疗更加有趣、高效，同时能帮助患者更快地恢复，如图 5-5 所示。

图 5-5　虚拟康复训练

二是智能交通：将人工智能、物联网融入交通行业。通过跨界合作，人工智能、物联网、大数据等技术得以广泛应用于交通行业，优化了交通管理，提高了道路安全程度。自动驾驶汽车就是一个将计算机科学、机械工程、交通工程等多个领域结合起来的创新案例，如图 5-6 所示。

图 5-6　自动汽车驾驶

三是环保时尚：跨界环保、时尚与科技。环保时尚是一个将环保理念、时尚设计和科技创新相结合的跨界创意。许多时尚品牌和独立设计师开始采用可持续发展的原材料和环保工艺，设计并推广更多具有环保意识的时尚产品。此外，他们还与科技企业合作，开发新型环保材料和工艺，以减少时尚产业对环境的影响。

四是跨界娱乐：将科技融入娱乐行业。跨界娱乐是一个将科技融入娱乐行业的创意。目前，虚拟现实、增强现实、全息投影等先进技术被广泛应用于影视、游戏、音乐等娱乐领域，带给了观众沉浸式的体验。同时，这些技术能够为创作者提供全新的表现手法，推动娱乐产业的创新发展。

五是智能建筑：跨界建筑、能源与环保。智能建筑是一个将建筑、能源和环保领域相结合的跨界创意。通过绿色建筑设计、智能能源管理系统和可再生能源技术，智能建筑能够实现对能源的高效利用和环境保护。该跨界创意可能改变传统建筑行业的发展模式，为未来城市发展提供方案。

以上跨界合作创意展示了不同领域之间的协同创新，共同推动了科技进步和社会发展。跨界合作思维将继续在未来的科技发展中发挥重要作用，为人类带来更多惊喜和改变。

第6章

拥抱人机共生的未来

当今社会，AI 已经不仅仅是一种科技，还是一种改变了人类思维、行为和社会结构的力量。站在这个历史性的十字路口，一些关键的问题摆在人们面前：如何拥抱人机共生的未来？在此，笔者将站在一个全新的视角，深入探讨如何应对人机共生时代带来的挑战，以便为我们在人机共生时代找到一条可持续发展的道路提供借鉴。

6.1　人机共生对现代社会的影响

6.1.1　人工智能发展的思考

自古以来，人类对技术的发展一直充满着好奇与期待，而今天人类终于迎来了人工智能（AI）这一神奇的科技。

AI 无疑已经给人们的生活带来了翻天覆地的变化，它改变了人们的财富创造形式、工作方式、思维模式，甚至重塑了社会。在这个时代，人们必须深入思考人与技术、个体与社会之间的关系，并重新审视自己在这个世界中的定位。

首先，人们要重新认识人与技术之间的关系。过去，人们总是将技术视为一种工具，认为它只是用来帮助人类更好地生活和工作。然而，在 AI 时代，人与技术的关系变得更加复杂，人们需要在尊重技术的同时，确保它能够为人类的发展服务，而不是成为一种束缚。

其次，人们需要重新审视个体与社会之间的关系。在 AI 的影响下，社会结构和人们的价值观发生了巨大的变化。例如，工作的方式和内容发生了革命性的变化，人们需要适应这一变化，以找到自己在社会中的位置。此外，AI 技术使得信息传播变得更加快速，人们能够更容易地建立联系，形成新的社交网络。这种变化既给个体带来了更多的机会，也带来了更大的挑战。人们需要在这个多元化的世界中找到自己的定位，实现个体与社会的和谐共生。

在这个探究和思考的过程中，人工智能议题呈现出一种既外显又内隐的复杂性。外显的一面是 AI 技术正在改变人们的生活和工作方式，提高生产效率，促进各领域的发展；内隐的一面则是人们对技术的担忧和对未来的不确定性。这两种逻辑看似矛盾，但实际上它们共同指向了一个核心问题：如何在人工智能时代实现人与技术的和谐共生以及个体的自由和解放。

在人工智能的发展过程中，哲学与社会思想将发挥重要作用，帮助人们更好地理解人工智能，从而实现对技术的反省性思考和批判性分析。总结来说，就是"社会为体、技术为用"。

"社会为体、技术为用"的观念强调人机共生的重要性。在这一理念下，人们需要重新定义人与机器的关系，摒弃过去将技术视为工具的观念，认识到人与技术之间是一种相互依存、共同发展的关系，应当尊重技术，同时确保技术能够为社会的进步服务。这需要人们在追求技术创新的同时，关注技术对社会、经济、文化等方面的影响。

AI 技术正在改变社会结构，包括经济、政治、教育等领域。人们需要关注这些变化，并思考如何在新的社会结构中实现公平和正义。这意味着人们需要重新审视社会制度，以确保每个人都能在 AI 时代找到属于自己的位置和价值。

在追求技术进步的过程中，人们不能忘记人类与自然的关系。人们需要确保技术的发展不会破坏自然环境，努力寻求人与自然的和谐共生。这意味着人们需要关注 AI 技术在环保、可持续发展等领域的应用，努力实现绿色发展。

除此之外，在 AI 时代，人们需要更加强调个体的主体性和自主性，充分发挥自己的潜能，实现自我价值。面对技术的高速发展，人们不应该成为技术的奴隶，而应该学会利用技术来实现自己的目标。为了达到这一目标，我国必须培养具有创新精神、合作能力和批判性思维的新一代人才。同时，我国还需要构建能够适应 AI 技术发展的社会环境，以确保个体能够在技术变革中找到自己的位置和价值。

在这个探索未知的过程中，人们需要保持敏锐的洞察力和坚定的信念。只有这样，人们才能在人机共生的时代找到一条通往美好未来的道路。人工智能无疑将给人们的生活带来更多的可能性，而人们需要时刻保持清醒，以确保技术的发展能够造福全人类。

6.1.2　智能算法与社会透明化

人工智能时代也是一个充满智能算法的时代，人们的生活正变得越来越依赖机器和人工智能。

从智能手机、虚拟助手到自动驾驶汽车，人们每时每刻都在与这些智能设备互动。有人说，我们正走向一个"人机共生社会"，在这个社会中，人和机器将像朋友一样相互依赖、相互合作。

以智能手机为例，在现代社会，人们的生活节奏越来越快，时间变得越来越宝贵。为了更好地利用时间，许多人选择使用智能手机作为生活的助手。智能手机不仅具有传统电话的通话功能，还具备拍照、上网、导航等多种实用功能。正是因为这些功能，智能手机成了人们生活中不可或缺的一部分。

另外，智能语音助手如今已经在各个领域都有广泛应用，如图6-1所示。当人们在家中需要设置闹钟、查询天气或者听音乐时，只需简单地对智能语音助手说出需求，它就能迅速地为人们提供相应的服务。在外出旅行时，智能语音助手还能为人们提供实时导航，帮助人们找到目的地。

图 6-1　智能语音助手

自动驾驶汽车也正在成为现实。随着科技的发展，自动驾驶汽车的出现让人们可以在驾驶过程中实现更高的安全性和便利性。通过与其他车辆和基础设施的数据交换，自动驾驶汽车能够提前预测交通状况，从而规避潜在的危险。此外，自动驾驶汽车还可以有效减少交通拥堵，为人们节省更多的时间。在这个过程中，人类和机器实现了紧密的合作与共生，共同创造了一个更加美好的出行环境。

在深入了解人机共生社会的特点之后，如何更好地让人相信这个人机共生社会，并主动融入这个社会这一议题就摆在了我们面前。我们需要寻找一种方法来建立人机之间的信任关系。而这个方法就是让机器变得更加"透明"。

透明性指的是让我们能够清楚地了解机器的工作原理和思考过程，以便我们能够更好地与机器合作。

在人机共生社会中，透明性将成为一种非常重要的价值观。通过透明性，人们可以更好地理解和信任机器，从而建立更加密切的合作关系。而这种关系并不仅限于单一的人与机器之间，更可以在一个团队中发挥作用。当人们和机器共同协作时，透明性可以让每个成员更好地理解彼此的想法和意图，从而提高团队整体的效率和协作水平。

此外，透明性还能让人们更好地应对一些社会问题。例如，随着人工智能技术的普及，越来越多的人开始担心自己的隐私被侵犯。通过实现透明性，人们可以了解机器如何处理数据，以及如何确保数据的安全性。这样，人们就会加深对机器的信任，从而积极地参与到人机共生社会活动中。

同样，在人工智能参与到重要决策过程中时，透明性也显得尤为重要。人们需要了解机器是如何作出决策的，以便在必要时对其进行监督和调整。这样，人们才能确保人工智能始终为人类服务，而不是被滥用或者走上错误的道路。

那么，如何实现这个透明性呢？

首先，设计者要设计出一种能够让人们轻松理解和掌握的界面。这个界面要能让人们直观地了解机器的状态。通过这个界面，人们可以像与人交流一样与机器交流，更好地了解机器的需求。这样的界面可以帮助人们加深人机之间的信任，让人们更愿意与机器合作。

其次，设计者要在 AI 机器的设计中注重透明性。这要求人工智能的决策过程和数据处理方式更加清晰、可预测。人们可以通过让人工智能解释自己的决策过程，或者使用可解释的算法来实现这个目标。这样，人们就能够更好地理解机器的思考过程，从而与机器间建立信任关系。

总的来说，在人机共生社会中，透明性将成为一种重要的价值观和设计原则。通过实现透明性，人机之间可以建立信任关系，提高合作效率，从而确保人工智能始终为人类服务。要实现这一目标，人们需要在人工智能的设计和应用中不断努力，让透明性成为现实。

6.1.3　人机共生下的 5.0 社会畅想

人类社会经历了四个发展阶段：狩猎社会、农耕社会、工业社会、信息社会。狩猎社会是人类最原始的社会形态，当时的人们依靠捕猎、采集维持生活。进入农耕社会，人类开始定居，进行农业耕作，产生了社会分工和阶层。工业社会来临，人类发明了蒸汽机等机器，大量的劳动力从农业转向工业，生产力得到极大的提高。紧接着，计算机、互联网等信息技术的广泛应用，将人类社会带入信息社会，人们生活方式有了很大的变化，生产力大幅度提升。

如今，人工智能时代来临，狩猎社会、农耕社会、工业社会、信息社会都将成为历史，取而代之的是一个高度智能化、物质与信息高度融合的社会，被称为"社会 5.0"，也就是超智慧社会。这是一个高度智能化、物质与信息高度融合的社会。在这个社会，人类将实现与智能机器人的和谐共生，创新、知识和服务将成为社会的核心。

想象一下，在这个社会形态中，人们的生活会变得多么美好。你不再需要为了生计奔波劳累，因为那时的各种工作都将由智能机器人来完成，你的任务就是去享受生活、追求兴趣和梦想。无论你是年轻人还是老年人，不论性别、地区抑或语言，每个人都能在这个社会中舒适地生活。

人们可能会疑惑，那这个时代的经济和社会是如何运作的呢？

首先，这个时代的经济体系将不再以劳动力为核心，而是以创新、知识和服务为主导。这意味着那些需要体力和大量劳动者的工作将被智能机器人取代，人类可以将精力投入创新、艺术和科学等领域。社会 5.0 时代经济体系如图 6-2 所示。

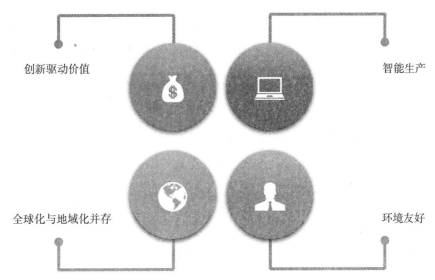

创新驱动价值

智能生产

全球化与地域化并存

环境友好

图 6-2　社会 5.0 时代的经济体系

其次，社会 5.0 时代的教育体系将发生根本性的改变。教育将不再局限于传统学科，跨学科、交叉领域知识将更加受到重视，在线教育、虚拟现实教学等创新方式将得到普及，将实现个性化、自主化学习，而且将重点培养学生的创新能力、批判性思维和人际交往能力。这样，下一代人将更加适应这个变化多端的世界。同时，随着知识更新速度的加快，终身学习成为必要。

再次，在社会 5.0 时代，人们对生活的需求将得到前所未有的满足，智能家居、自动驾驶汽车等高科技产品将成为人们生活的一部分。家电、家具等都将具备自动化功能，使人们的生活更加便捷舒适；自动驾驶汽车、无人公共交通等将逐渐成为主流，大大提高出行效率和安全性。另外，在娱乐休闲方面，虚拟现实、增强现实等技术将为人们带来全新的娱乐体验，同时促使人们更加关注户外活动和亲近大自然。

最后，社会 5.0 时代的社会制度将进行调整，以适应高度智能化、物质与信息高度融合的新时代。政府将更加注重为人民提供公共服务，保障民众的基本生活品质。全民基本收入等社会福利制度将逐渐实施，以缓解因智能机器人替代劳动力带来的失业问题。环境保护和民众的权益维护也不容忽视。政府、企业和个人都需共同努力，以便在这个瞬息万变的世界中保持竞争力，迎接这个充满无限可能的未来。

社会 5.0 时代将是一个充满机遇和挑战的时代。在这个时代，人类将迈入新的境界，实现与智能机器人的和谐共生。而人们需要做的就是不断地学习、创新和适应，以便在这个瞬息万变的世界中保持竞争力。

6.2 应对人机共生的时代挑战

6.2.1 人工智能偏见

人工智能也是存在偏见的，需要通过大量的数据进行训练。而这些数据其实是人们生活中的一个缩影。所以，如果这些数据里有偏见，那么人工智能很可能有偏见。

具体到人们的生活中，人工智能的偏见会带来哪些影响呢？

比如，这会影响到公司招聘。现在很多公司都用人工智能来筛选简历，如果它在筛选过程中存在性别、年龄等方面的偏见，那么，一些有能力的人才会被无端排除在外。又如，人工智能在金融领域的应用也可能受到影响。在信贷审批过程中，如果人工智能因为偏见而对某些群体不公平对待，那就可能导致这些人错失融资机会，这就失去了普惠金融的意义。

那么，人们应该如何应对这一挑战呢？

这需要从多个层面入手，包括提高人们的认识、完善相关法律法规、优化算法模型、加强多元文化教育、实施跨学科合作等。下面就展开详细探讨。

第一，提高人们对人工智能偏见问题的认识。人工智能是由人类创造和设计的，因此它的学习和思维方式在很大程度上受到人类价值观的影响。这就意味着人工智能可能会从人类社会中吸收并传播一些负面的观念。要消除这些负面观念的影响，人们就要意识到这个问题的存在，从而采取有效措施。举办公众讲座、组织研讨会、发布研究报告等方式可以帮助人们更好地了解人工智能偏见问题，从而引起更广泛的关注。

第二，完善相关的法律法规，保障人工智能技术应用的公平性。我国应制定相应的法律法规，对人工智能技术在各领域的应用进行规范，确保其不会侵犯公民的权益。例如，在招聘、金融服务、医疗等领域，国家要求企业在使用人工智能技术时，不能因为算法的偏见而对不公平对待特定群体。此外，国家还应设立专门的监管部门，负责监督和管理人工智能技术的应用，确保其合法合规。

第三，优化算法模型，减少人工智能偏见现象。人工智能技术的关键是算法模型，要解决偏见问题，就必须从算法模型入手。研究人员和开发者需要设计更为公平、透明、易理解的算法，避免因数据来源、特征选择等方面的问题而产生偏见现象。此外，还可以引入第三方审查机构，对算法模型进行评估和审核，确保其在实际应用中不会产生不公平的结果。人工智能行业也应建立自律机制，加强企业之间的合作与交流，共同致力消除偏见现象。

第四，加强多元文化教育，培养具有全球视野的人工智能专业人才。多元文化教育可以帮助人们认识不同文化背景、宗教信仰和价值观，从而减少偏见现象的产生。高校和研究机构应将多元文化教育融入人工智能专业的课程体系，使学生在学习技术知识的同时，能够增强自身的文化敏感度和开阔全球视野。这样来，未来的人工智能专业人才在设计和开发算法模型时，就能够更好地考虑不同群体的需求，避免偏见现象的出现。

第五，实施跨学科合作，共同应对人工智能偏见问题。人工智能偏见是一个复杂的社会问题，涉及伦理、法律、心理学、社会学等多个领域。因此，各领域的专家要共同合作，从不同角度出发，深入研究这个问题，提出切实可行的解决方案。例如，伦理学家可以帮助研究人员和开发者了解人工智能技术可能带来的伦理风险，为算法设计提供指导；法律专家则可以参与到制定和完善相关法律法规过程中，保障人工智能技术应用的公平性；心理学家和社会学家可以研究偏见现象对个体和社会的影响，为政策制定和教育改革提供依据。

只有通过多管齐下的方式，我们才能更好地应对这一挑战，使人工智能技术真正造福人类，为构建一个更加公平、包容、和谐的社会作出贡献。

6.2.2　安全是人机共生的前提

安全的重要性不言而喻，在人工智能技术的发展和人机协作过程中，一旦出现安全事故，可能会带来严重的后果，让人对人机共生失去信心。

安全事故可能会导致人们在生活、工作等方面受到伤害，这会使人们对人工智能产生恐慌和担忧，从而降低对人机共生的信任度。同时，一旦人工智能系统出现安全漏洞，可能会导致用户的隐私信息泄露，这将进一步损害人们对人工智能技术的信任。安全事故还可能会导致财产损失，如金融领域的人工智能系统遭受攻击，可能导致用户资金被盗取。另外，安全事故往往会暴露出人工智能系统在设计和开发过程中存在的问题，如技术缺陷、监管不力等。这会引发公众对相关企业和研究机构的质疑，从而降低人们对人机共生的信心，进而影响人机共生的发展。因此，为了维护人机共生的信任，人们需要在各个层面加强人工智能安全保障措施，确保人工智能技术在为人类带来便利的同时，不会对人类的安全造成威胁。

先从 AI 工具的设计来说，为了确保人工智能能够为人类带来福祉而不是危害，设计人员必须在设计 AI 工具的过程中始终以安全为第一要素。对比，在开发人工智能时，设计人员要全面考虑各种安全因素，确保人工智能能够在各种环境下安全地与人类互动。

让我们通过一个贴切的例子来形象地说明如何将安全设计融入 AI 机器人中。假如正在开发一款家政机器人（图 6-3），该机器人的主要功能是帮助家庭成员做家务、照顾孩子和老人等。

图 6-3　家政机器人

为了确保家政机器人能够安全地与家庭成员互动，设计人员需要从以下几个方面考虑安全问题。

第一，在外观设计上，设计人员需要让家政机器人的外表看起来亲切友好，同时避免使用尖锐的边缘和突出的部分。这样，当孩子或老人与机器人互动时，就不用担心被意外刮伤或撞伤。此外，家政机器人的关节部分也应设计得圆滑，防止家庭成员在操作过程中将手指夹伤。

第二，在软件设计上，家政机器人应具备丰富的感知能力，如能够识别人脸、声音以及周围环境的变化。这样，在照顾孩子时，家政机器人就可以根据孩子的需求及时作出反应。同时，当家政机器人在完成家务时，如拖地、洗衣等，它也能感知到地面的湿滑程度或洗衣机的工作状态，从而避免发生意外。

第三，在硬件设计上，家政机器人应具备一定的防护能力。例如，有些家庭有院子或露台，当需要在室外工作时，设计人员应考虑到可能遇到的恶劣天气，如暴雨、高温，赋予家政机器人防水和防高温的功能，以确保它能在各种环境下正常运行。同时，设计人员对家政机器人内部结构的设计也应考虑到散热和防潮等问题，确保其在长时间运行时不会出现故障。

通过这个例子可以看出，在设计人工智能时，如何将安全融入各个环节是至关重要的。只有这样，人工智能技术在为人类带来便利的同时，才不会对人类的安全造成威胁。因此，无论是外观设计、软件设计抑或硬件设计等，设计人员应始终将安全作为首要任务，努力创造一个更加安全、和谐的人机共生环境。

安全性的保证也不只体现在设计上，还要有严格的测试和认证，以确保安全。

在进行人工智能安全测试时，我们需要将其置于不同的应用环境中，全方位地评估其安全性能。这样做的目的是确保人工智能在各种情况下都能表现出良好的安全性能。

下面以 AI 机器人为例加以说明。人们需要对 AI 机器人进行多种类型的安全测试，包括撞击安全性能测试、安全协作性能测试等。

撞击安全性能测试主要是为了评估 AI 机器人在与人类或其他物体发生碰撞时的安全性。例如，在测试过程中，我们可以让 AI 机器人与各种物体发生碰撞，以观察其在碰撞中是否会对人类或物体造成损害。通过这种测试，我们可以了解 AI 机器人在遇到意外情况时的安全性表现，从而有针对性地进行改进，提高其安全性。

安全协作性能测试主要关注 AI 机器人与人类或其他 AI 机器人在协同工作过程中的安全性表现。例如，在测试过程中，我们可以让 AI 机器人与人类或其他 AI 机器人共同完成一项任务，以观察它们在协作过程中是否能够保持安全距离，避免发生意外。通过这种测试，我们可以了解 AI 机器人在协作环境下的安全性能，从而为其进一步优化提供依据。

当然，测试和认证的过程并不是一蹴而就的。在进行安全性能测试时，我们需要不断地对 AI 机器人进行调整和优化，以确保其在实际应用中能够表现出足够的安全性。此外，为了确保 AI 机器人的安全性能得到广泛的认可，我们还需要让其通过相应的认证和标准。这些认证和标准通常由权威的第三方机构制定和发布，以确保 AI 机器人的安全性能得到客观、公正的评价。

在人机共生的时代，人工智能的安全性问题是一个需要人们高度重视的问题。人们需要从人工智能的设计、测试、互动以及法律法规等多个方面进行应对，以确保人工智能与人类和平共处，并实现人机共生的美好未来。

6.2.3　数据隐私保护

在人机共生时代，数据成为人们生活和工作中的一个重要组成部分。随着人工智能技术和机器学习技术的不断发展，数据被广泛应用于各领域，如医疗、金融、零售、交通等领域。然而，数据的广泛应用也带来了一系列有关数据隐私保护的挑战。

需要明确的是，数据隐私保护是指个人、组织或团体有自身信息、行为、观点等不受未经授权的访问、收集、使用和披露的权利。它是人机共生时代人们需要应对的一个重要挑战。

在人机共生时代，个人的数据安全和隐私受到威胁的原因有很多。

第一，越来越多的设备和服务开始收集个人信息。例如，智能手机、智能手表等设备会收集人们的位置、运动数据等信息，社交媒体、购物网站等则会收集人们的兴趣爱好、消费习惯等信息。这些信息在一定程度上帮助了人们获得更加便捷的服务，但也让人们的数据安全和隐私面临着潜在的风险。

第二，网络安全攻击日益频繁。随着网络技术的发展，网络安全攻击手段不断更新和升级。从个人电脑、智能手机到物联网设备，这些与人们的日常生活密切相关的设备都可能成为攻击目标。一旦受到攻击，个人信息就有可能泄露，甚至被用于不法用途。

第三，人工智能技术自身不完善。虽然人工智能技术在很多领域取得了显著的成果，但在数据安全和隐私保护方面仍然存在一定的不足。例如，部分人工智能系统可能存在漏洞，导致恶意攻击者可以利用这些漏洞窃取个人信息。又如，在处理个人信息时，人工智能算法可能因设计缺陷而泄露个人信息。

第四，公众对数据安全和隐私保护意识不足。许多人在日常生活中对个人数据安全和隐私保护的重要性认识不足，容易泄露个人信息。例如，在社交媒体上过度分享个人生活细节、在不安全的网站上购物等。这些行为可能导致个人信息的泄露。因此，提高公众的数据安全和隐私保护意识对确保个人信息安全非常重要。

第五，第三方数据处理机构的安全隐患。很多企业会将收集到的数据委托给第三方数据处理机构进行分析和处理。然而，这些第三方机构的安全性能和隐私保护水平参差不齐，一旦出现问题，就可能导致大量数据泄露。

为了应对这些挑战，我们需要采取一些措施来保护个人信息和权利。

加强数据保护和安全措施是第一步。使用更安全的加密技术和密码保护措施是保护个人信息的基本方法。同时，在数据的存储和传输方面，我们需要采用更加安全的方式。例如，使用虚拟私人网络（VPN）等技术来保护数据的传输和存储安全。

促进数据透明化是第二步。政府要督促企业更加透明地公开其数据使用和收集的目的。企业也需要告知个人将如何使用其数据，以便个人在知情下作出决定。在这个过程中，政府要制定更加明确的数据保护法律法规，使得数据的使用和共享更加透明化，以保护个人隐私。

培养数据保护意识是第三步。个人和企业都应该深刻理解数据安全与隐私保护的重要性，并主动行动来保护自己的信息。例如，我们可以定期更改密码，避免在不安全的网站上输入敏感信息，同时尽量减少在社交媒体上分享过多的个人信息。当然，增强公众的数据保护意识也是非常重要的。相关部门可以通过各种渠道，如公益广告、教育课程等方式，来普及数据安全与隐私保护方面的知识，让更多的人意识到数据安全与隐私保护的重要性。

6.2.4 人机共生下的伦理与道德挑战

在人机共生时代，人们还面临着许多道德和伦理挑战。下面谈谈这些具体的问题。

第一，机器人的权利和道德责任问题。如果机器人出现了问题或者伤害了人类，谁来负责？这个问题并不简单，因为机器人本身并没有意识和自我判断能力。因此，国家需要对机器人的行为负责的人或机构进行法律规定。

2021 年 9 月 25 日，国家新一代人工智能治理专业委员会发布《新一代人工智能伦理规范》，对用户的退出机制、算法歧视和虚假宣传等作出具体要求，回应了社会各界有关隐私、偏见、歧视、公平等领域的伦理关切，旨在将伦理道德融入人工智能全生命周期，表明了我国对人工智能伦理问题的关注和重视。

第二，机器人的道德决策问题。当机器人被赋予决策权时，它们会基于算法和数据进行判断和决策。这就需要我们确保机器人决策的公正性和道德性。

在自动驾驶汽车的决策过程中，我们需要考虑到不同情况下的道德和伦理问题。例如，当汽车出现撞车危险时，应该优先考虑保护乘客的安全，还是考虑最小化伤害？这个问题需要通过技术和法律手段得到解决。

从技术层面看，自动驾驶汽车应该配备高性能的传感器和先进的算法，以便实时感知周围环境并快速作出决策。通过大量的数据训练和实际驾驶场景的模拟，自动驾驶系统可以学会如何在不同情境下作出最优选择，以尽量减少可能发生的伤害。此外，自动驾驶汽车的决策过程应该遵循道德和伦理原则，如公平、责任、尊重等，这些原则可以作为系统设计和优化的基础。

从法律层面看，政府和监管部门需要制定和完善相关法律法规，明确自动驾驶汽车在不同情况下应承担的责任和义务。这些法律法规可以为自动驾驶汽车制定相应的道德和伦理准则，从而引导其在决策过程中遵循合理的原则。同时，密切的监管和审查必不可少，这能确保自动驾驶汽车更好地遵循道德和伦理要求。

第三，我们需要考虑机器人是否有权利获得知识和经验。如果机器人拥有足够的智能，那么其是否应该拥有自己的知识和经验呢？这也引发了关于机器人是否有自我意识和权利的争议。

就像之前提到的家政机器人，这类机器人通常被设计为帮助人们完成家务、照顾老人和儿童等日常任务。随着时间的推移，这些机器人会在与人类互动的过程中积累经验，学会如何更好地完成任务。它们可能会了解主人的生活习惯、喜好等方面的信息，从而为主人提供更加贴心的服务。那这些经验是否应该在这个家政机器人在结束这个家庭的服务，转而服务另一个家庭时保留下来？

这种情况也引发了一些争议。一方面，有人认为作为人工智能，机器人知识和经验应该完全受到人类的控制。毕竟机器人的存在和发展是为了更好地服务人类，而不是拥有自己的意识和权利。另一方面，有人认为，随着技术的进步，机器人可能会发展出一定程度的自主意识，在这种情况下，人类应该给予其一定的权利。

　　这个问题并没有简单的答案，因为它涉及伦理、道德、法律等多个层面的问题。我们需要在继续发展人工智能技术的同时，不断探讨这些问题，并努力在科技进步与伦理道德之间找到平衡。只有这样，我们才能确保人工智能的发展既能造福人类，又能遵循道德和伦理原则。

　　类似的道德和伦理挑战还有很多，在此不做一一阐述，仅总结一些通用的解决方向，如图 6-4 所示。

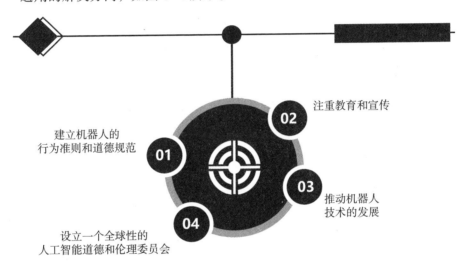

建立机器人的
行为准则和道德规范
01

注重教育和宣传
02

推动机器人
技术的发展
03

设立一个全球性的
人工智能道德和伦理委员会
04

图 6-4　人机共生时代伦理与道德挑战应对措施

　　首先，要让 AI 知道什么是对的，什么是错的。这就需要相关部门制定机器人的行为准则和道德规范，告诉它们应该如何行动。

　　其次，要注重教育和宣传。相关部门和机构需要教育人们如何正确地使用机器人，并且将机器人的局限和风险告诉人们。比如，告诉人们机器人不能替代所有的工作和决策，以及使用机器人需要注意的安全问题。这样可以让人们更加理性地使用机器人，从而减少机器人带来的负面影响。同时，相关部门和机构需要做好机器人的道德和伦理问题宣传工作，让更多的人了解这些问题。比如，举办机器人道德和伦理讲座、举行机器人道德和伦理展览等，让公众更加了解机器人的道德和伦理问题，引导他们正确看待机器人的发展。

再次，推动机器人技术的发展。设计人员要开发更加智能和安全的机器人，以便其更好地为人类服务。比如，将道德责任转化成可识别的数据输入 AI，让 AI 更好地判断和行动，从而避免对人类的危害。

最后，设立一个全球性的人工智能道德和伦理委员会。伴随人工智能的发展与应用，人工智能道德和伦理问题也日益凸显，需要全球范围内的协调和解决。这个全球性的人工智能道德和伦理委员会可以由来自不同国家和地区的专家、学者、企业家、政府官员等组成。这样的多元化组成有助于该委员会全面了解各国和各地区在人工智能道德和伦理方面的关切和需求，从而制定出更加适用的政策和指导方针。

道德和伦理委员会的主要职责包括以下几点。

一是制定全球性的人工智能道德和伦理指导原则。这些原则应该明确人工智能在不同领域应遵循的道德和伦理要求，包括隐私保护、数据安全、责任划分等方面。

二是为各国政府和企业提供政策建议和技术指导。全球性的人工智能道德和伦理委员会可以根据全球性原则，为各国政府和企业提供定制化的政策建议和技术指导，帮助它们在本地解决人工智能道德和伦理问题。

三是协调全球范围内的研究和实践。全球性的人工智能道德和伦理委员会可以促进全球范围内的学术研究和实践交流，以便更好地分享经验，提高技术水平，并在全球范围内推动人工智能道德和伦理问题的解决。

　　四是监测和评估全球人工智能道德和伦理状况。全球性的人工智能道德和伦理委员会可以定期收集和分析全球范围内的人工智能道德和伦理状况数据，以便及时发现问题，调整政策，并为未来发展提供参考。

　　通过建立这样一个全球性的人工智能道德和伦理委员会，可以更好地解决伴随人工智能发展产生的道德和伦理问题，确保人工智能的发展更好地为人类服务。

6.3　人类与 AI 共塑美好未来

6.3.1　人工智能时代的人类进化

　　以 ChatGPT 为代表的人工智能生成内容（AIGC）的出现，引发了全球热议。这种基于深度学习技术的人工智能具备强大的语言理解和生成能力，能在短时间内创作出高质量的文本。

　　作为一种创新型的技术，AIGC 已经在新闻、文学、营销等众多领域取得了显著的成果，给人们带来了前所未有的便利和惊喜。

　　在这个充满活力的人工智能时代，人们生活的世界正在以前所未有的速度发展和进化。人工智能，这个曾经只存在于科幻小说和电影中的概念，现在已经成为人们日常生活中的一部分。

　　从手机应用、智能家居到自动驾驶汽车、机器人助手，人工智能的影响已经渗透到了人们生活的方方面面。而在这样一个瞬息万变的时代，人类自身的进化也成了一个令人充满好奇和期待的话题。在人工智能时代，人类进化的方向是多元而丰富的。

首先，来谈谈人类大脑的进化。

不得不承认，人类大脑的潜力还远未被充分挖掘。从生物学的角度看，人类大脑具有极强的适应性和可塑性，这意味着它可以在面临新的环境和信息时进行自我调整，不断优化自身功能。

在信息技术起步前的几十年里，人类的大脑并没有发生太大的变化，但在信息技术飞速发展的今天，人类的大脑展现出了不同寻常的适应性和可塑性。这种适应性和可塑性将为人类带来更高水平的认知能力、创造力和社会化能力，使人类更好地应对未来的挑战。

以前，人们需要花费大量的时间和精力去记忆各种各样的信息，但在互联网时代，人们不再依赖传统的记忆方式，而是将注意力转向如何有效地利用搜索引擎等工具获取所需信息。这种适应性使得人们能够更加高效地处理日益增长的信息，提高了人们的认知能力和思维敏捷度。

人工智能的发展也为人们提供了一个全新的视角来审视自己和周围的世界。通过与智能机器人、虚拟助手等人工智能产品的互动，人们开始思考智能到底是什么，以及人类智能与人工智能之间的异同。这使得人们对自己的认知和理解更加深入，也为人们提供了一个独特的机会去探索和思考人类与机器的关系，以及如何在这个日益智能化的世界中找到自己的位置。

其次，来谈谈人类的社交进化。

在这个高度互联的世界里，人们不再像过去那样受限于地理位置，而是可以随时随地与全球各地的人们保持联系。社交媒体、即时通信工具、在线社区等平台，让人们能够在虚拟世界中建立庞大的社交网络，结识来自五湖四海的朋友。这种全球化的社交方式不仅让人们拥有更广泛的人际关系，还能使人们更容易地接触和了解不同的文化、观念和价值观。这种全球化的交流和互动为人们提供了一个独特的机会去开阔自己的视野，培养了人们包容和尊重他人的意识。

　　除了人与人之间的交流处，人工智能技术的普及和应用还将加速人类与其他生物、智能体之间的交流和互动，如图 6-5 所示。这意味着在未来，人类将与其他智能生物、人工智能乃至来自外太空的其他生命体进行更深入的沟通和合作，共同应对生存与发展的挑战，实现共赢。在这个过程中，人类将不断拓展自身的认知边界和生存领域，形成一个更加多元、包容与和谐的全球生态系统。

图 6-5　人与 AI 机器人进行工作交流

　　最后，来谈谈人类的工作与生活方式进化。

　　人工智能的崛起已经对人类的职业发展产生了深刻影响。随着智能机器人和自动化系统在许多领域的应用，许多传统的工作岗位将被取代。这使得人们需要重新考虑未来的就业市场，以及如何培养新的技能和知识以适应这个变革。

人类需要学会与人工智能共存，找到与之协作的最佳方式，以便在新的经济形势下脱颖而出。这种对未来的思考和规划不仅有助于提高人们的职业竞争力，还将引导人们朝着更高的智能发展。

此外，智能家居、健康监测设备和可穿戴技术等产品的普及让人们能够更加方便地管理和优化自己的生活。这些先进的技术使得人们能够更加关注自己的身心健康，追求幸福生活。在这个过程中，人类逐渐意识到，科技的进步并不只是为了提高生产力，更重要的是让人们过上更美好、更有意义的生活。

总之，在人工智能时代，人类的进化表现在诸多方面，但总归是为了更好地适应时代的变化，提高自身的生活品质。

6.3.2　人为主导下的 AI 进化

在人工智能时代，AI 正以惊人的速度与人类一起进化。在学习过程中，AI 持续提升自身能力，不断突破自身局限，为人类带来前所未有的便利和机遇。

随着大数据、算法和计算能力的飞速发展，AI 已从最初的简单任务处理逐渐发展到可以在复杂环境中完成高级任务。在很多领域，如自然语言处理、图像识别、语音识别、推荐系统等，AI 已经取得了显著成果。AI 的进化主要体现在以下几个方面。

第一，自我学习能力的进化。过去，人们需要为计算机编写详细的程序，告诉它们如何执行任务。但现在，AI 自我学习能力的进化正改变着一切，有了深度学习和强化学习等先进技术，AI 可以像人类一样通过大量数据进行自主学习，而不需要人类手把手教，就能逐渐成长，适应不同的环境和任务。这就是 AI 在自我学习能力方面的进化。

第二，多样性和适应性的进化。在 AI 的进化过程中，多样性和适应性的提升也是一个重要的方面。过去，AI 往往只能在特定任务中发挥作用，但如今随着技术的不断发展，AI 已经能够胜任多种任务，同时处理多个任务，这使得 AI 能够在不同领域中发挥作用。例如，一个智能语音助手可以同时具备语音识别、自然语言处理和对话生成等能力，为用户提供全面的服务。

第三，人机协作进化。与过去相比，AI 不再是一个单独完成任务的工具，而成了与人类紧密协作的伙伴，共同应对各种挑战和问题。这种人机共生的关系为 AI 赋予了更深层次的理解能力，使其能够更好地满足人类的需求，并为人类提供更为精准的服务和支持。例如，在工作场所，AI 可以帮助人们处理琐碎的日常任务，从而让人们专注于更具创造力和价值的工作。此外，AI 还可以在团队协作中发挥作用，提高决策效率和准确性。通过对大量数据的分析和挖掘，AI 能够为团队成员提供有价值的信息和建议，帮助他们制订更为合理的计划。

未来，随着科学技术的持续发展，AI 将更好地与人类共同进化，为人类的生活带来更多创新和突破。不过，在这个过程中，我们必须保证 AI 的进化始终在人类的主导之下，确保 AI 为人类带来更多福祉，实现真正意义上的人机共生。

那么，如何实现人为主导下的 AI 进化呢？

首先，激发创新思维对 AI 的进化至关重要。在这个快速发展的时代，学校需要培养具有创新思维的人才，使他们为 AI 的进入提供方法。学校应该在教育过程中鼓励学生提出独特的见解，培养他们的独立思考能力，从而为 AI 技术的发展提供持续的驱动力。

其次，注重主体觉悟的培养，让每个人都意识到自己在人工智能时代的责任，通过自己的努力去推动 AI 的发展。

再次，超越感知是实现人为主导下 AI 进化的关键。勇于挑战已知的边界，从未知领域中发现新的知识和智慧。这样的探索将为 AI 带来全新的视角，使其在各个领域都能够取得更好的成果。为了实现这一目标，学校需要关注学生的思维教育，培养学生勇于突破框架的思维品质，以使他们在未来将这种思维方式应用到 AI 中。

最后，应关注高于自我的追求。在人为主导下的 AI 进化过程中，人们应将自己的利益与整个社会的利益相结合，把自己置于一个更大的空间当中。这样，人们的选择、行动和努力将更有意义，可以为 AI 的进化提供更广阔的空间。

6.3.3　共同进化的美好未来

在人机共生时代，我们可以期待一个充满创新、协作与和谐的世界。在这个世界中，人类和 AI 将共同进化，共创美好的未来。

当财富的创造不再是人类独自的任务，而是人类与智能机器人共同努力的成果，人机协作也就成为各行各业的基本模式，即人类和 AI 机器人一同参与劳动与创造。这种协作将使得生产力得到极大提升，降低生产成本，提高效率。随着生产力的飞速发展，全球经济将实现持续、稳定增长，为人类带来更加丰富的物质财富。

在这个时代，财富分配也将变得更加公平。人工智能的发展和应用将为全球范围内的教育、医疗等公共服务提供支持，使得优质资源得到更广泛的传播与共享。这将有助于缩小贫富差距，让更多的人分享到科技进步带来的红利。

随着 AI 机器人在日常生活中的广泛应用，人们将有更多的时间和精力投入自我提升和精神追求。人类对财富的追求也将从过去单纯的物质财富向更加丰富的精神层面转变。在这个社会中，人们将更加关注个人成长和精神满足，追求内心的平衡与和谐。在这里，财富不仅是金钱，也包括健康、幸福、智慧和爱。

在未来，AI 机器人的广泛应用还将为人类提供更多机会和选择。无论是职业发展、教育培训，还是生活方式，人们将拥有更多自由和空间去探索和实现自己的梦想。AI 机器人将成为人类生活中不可或缺的伙伴，共同开创一个充满创新与活力的新时代。与此同时，人类将逐渐适应与 AI 机器人共同生活和工作的新模式，彼此间的互动与协作将变得更加自然、顺畅。人类将在与 AI 机器人的紧密合作中不断挖掘自身潜能，实现个人价值。

不仅如此，在未来，科学研究、艺术创作和哲学思考都将进一步颠覆人类思维，让人类的认知和思维达到一个崭新的高度。人类还将突破传统思维的束缚，勇敢地探索未知领域，重新思考问题，探索新的思维方式，从而为人类文明开辟更广阔的发展空间。

总之，人工智能时代，无论从财富、工作，抑或思维的角度看，人机共生已经成为一种必然。ChatGPT 只是一个开始，下一站即将出发，你准备好了吗？